横から鑑賞。
日本の伝統魚の新しい飼育スタイル

水槽で楽しむ 錦鯉・金魚

水槽で楽しむ錦鯉・金魚制作委員会 編

Nishikigoi & Gold Fish

誠文堂新光社

目次 Contents

3　水槽で楽しむ錦鯉

- 3　はじめに
- 4　錦鯉系統図
- 6　錦鯉の各部名称
- 8　錦鯉良魚ギャラリー
- 25　錦鯉の品種
- 64　錦鯉飼育編 ― 錦鯉を水槽で飼育する
- 86　トラブルシューティング
- 91　錦鯉の専門用語集
- 62　コラム　錦鯉品評会に出かけてみよう！

95　水槽で楽しむ金魚

- 95　はじめに
- 96　金魚の各部名称
- 102　金魚の品種
- 186　金魚飼育編 ― 金魚を水槽で飼育する
- 189　病気の症状と対策
- 101　コラム　１点ものとは
- 117　コラム　水槽飼育での上見の楽しみかた
- 136　コラム　金魚の流通
- 173　コラム　自分だけの１尾を選ぶために

錦鯉 Nishikigoi

～水槽で楽しむ錦鯉～

はじめに

手入れの行き届いた庭の池の中で、優雅に美しく泳ぐ錦鯉の姿を見かけることは、子供から大人まで老若男女問わず、足を止めてしまうほどの魅力を持っています。

現代において、錦鯉は「日本の国魚」としての地位を築き、触れ合ったことのある人であれば、何かしらの思いを感じるものです。鮮烈に印象を植えつけられる、その存在感・色彩美・品格・親近感…。水中に生きる魚でありながら、あきらかに卓越した距離感を持ち合わせた観賞魚といえるでしょう。

観賞魚として楽しまれてきた歴史は古く、江戸時代中期以降の書物などに描かれていることも珍しくないほど、日本人と錦鯉は密接な関係を築いてきました。日本庭園に錦鯉が優雅に泳ぎ、お殿様が餌を撒くシーンはいろいろな時代劇の場面でも思い出せ、不思議なほど身近な存在であったと連想できます。

錦鯉の知名度は、現代の観賞魚・ペットの範疇においても群を抜いて高く、ほとんどの日本人に認知されています。また、近年海外においては繊細かつ美しい日本美、高品質・信頼も相成り、爆発的な人気を誇るようになりました。「錦鯉＝Nishikigoi」という日本語はもちろんのこと、錦鯉用語、100品種を超える品種名が日本語として世界共通語になるほどで、輸出先は50カ国以上にのぼります。海外の需要増を受け、日本国内の作出技術・飼育技術の躍進にも繋がっています。現在は、さまざまな品種・価格帯の錦鯉の流通が盛んであり、これから錦鯉の飼育を始めるにあたっては好機な状況です。

しかしながら、池で見かける錦鯉を見て、その大きさや、庭や池・濾過装置を含めた飼育規模の大きさ故に諦めてしまっている人が非常に多いのも現状です。

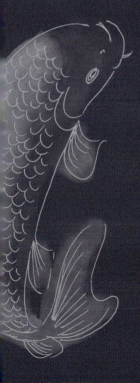

本書では、古くからの錦鯉の楽しみかたの基本である「上から眺める上見」の考えから、「終生水槽で飼育する横見」の楽しみかたに主眼をおいて、より身近に錦鯉を感じて頂けるよう話を進めてゆきます。上見重視で作出される錦鯉を横見で見ても実際、非常に美しく見応えのある個体が多く、近年着目されている、水槽の大きさ、餌の量、飼育尾数により大きさをコントロールできる錦鯉の特性を活かし、水槽飼育用として錦鯉を実際に販売・飼育している立場からリアルに写真を交えて紹介していきます。

錦鯉
Nishikigoi

錦鯉系統図

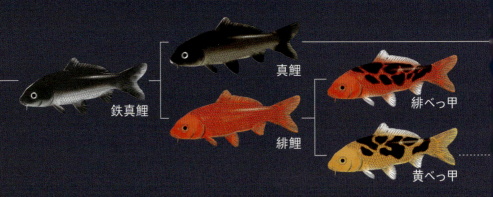

真鯉 — 鉄真鯉 — 真鯉
鉄真鯉 — 緋鯉 — 緋べっ甲
緋鯉 — 黄べっ甲

真鯉

泥真鯉

鳴海浅黄

滝浅黄

五色

秋翠

ドイツ鯉

紺青浅黄

浅黄真鯉

烏鯉

羽白

錦鯉 Nishikigoi

錦鯉系統図

黄写

白写

昭和三色

緋写

紅白

大正三色

藍衣

白べっ甲

葡萄三色

文化三色

富士

黄金

金棒 / 金兜

黒黄金

茶鯉

赤松葉

黄松葉

黄鯉

白写 / 松川バケ

禿白

九紋竜

錦鯉
Nishikigoi

全長
体長
頭部　胴部
吻

鼻孔（びこう）
口と目の間に位置し、1対の穴と蓋があります。臭覚はイヌ以上と言われ、餌の匂いを瞬時に察知します。水中で目やヒゲを巧みに併せて使用し、能力を最大限に発揮する重要器官。

鰓蓋（えらぶた）
頭部の両側にあり、鰓の保護と水の出し入れを主に行う骨質の薄い板。

胸鰭（むなびれ）
水中で旋回や定位置に止まる操縦性能に重要な役割を果たしています。

腹鰭（はらびれ）
腹側の肛門より頭部にある1対の鰭。魚体の平衡感覚維持に重要。

側線鱗（そくせんりん）
体側中央に横一列に穴の開いた鱗のこと。低周波の波動を水中で感じ水流や水圧を知ることができます。濁った水や暗闇で視覚がきかない状況であってもレーダー的な役割を果たすのです。障害物・危険回避、探餌にもおおいに役立つ器官として機能します。

錦鯉の各部名称

鰭（ひれ）
頭の後方、体の側面に1対の胸鰭を持ち、1対の腹鰭、1枚の尻鰭を持っています。最後部の尾鰭は最も力強く、水中を泳ぐ能力に直結します。鰭にはスジのようなものがあり、鰭条（きじょう）と呼ばれます。鰭条には、硬い棘条（きょくじょう）と軟条（なんじょう）があり、棘条は硬く先端は鋭く、軟条は弾性に優れフシのような構造をしており、さらに先端が分かれています。棘条と軟条を繋ぐ膜は鰭膜（きまく）と呼ばれ、水を掻くことに適した器官を形成しています。横見飼育では、各鰭の細部も錦鯉の美しさを引き立たせます。

錦鯉 Nishikigoi

錦鯉の各部名称

尾部

背鰭（せびれ）
水中で回転を防止し、泳ぎを安定させます。方向転換の際、重要な役割を担います。

耳
外耳・中耳はなく、側線を通じて感じる振動を頭部にある内耳で識別できます。低周波数を拾い取ることができ、人の足音、物音、生活音を聞き分けることが可能。水中のほうが陸上よりもはるかに音の伝わる速度が速いため、危険を察知したり仲間の餌を食べる音さえも聞き分け、次の行動へ繋げているのです。

鰾（ひょう／うきぶくろ）
気体の詰まった袋状の器官。前後2室に分れ、浮力を得ることで、水中の遊泳を自在にしています。水中の音波を感じて伝える働きと、音を発信して距離を測る能力を持つと言われています。

ウェーバー器官
コイ科魚類・フナなどでみられる特有の器官で、鰾に接して左右3対あり、鰾が音波振動したものを増幅させ、左右の内耳に伝達する役割を果たします。

尾鰭（おびれ）
錦鯉の尾鰭は、二又形の鰭形状をしているため、泳ぎが得意な魚種と言えます。

咽頭歯（いんとうし）
喉にある器官で歯の役割を果たします。下顎に人間の臼歯に似た12個の歯を持ち、上顎には円筒状の臼のような形の大きな歯が存在します。上下を擦り合わせて、擦り潰すように餌を砕くことができ、タニシや二枚貝ぐらいの硬さであれば、問題なく粉々にしてしまいます。大型の鯉ともなると10円玉を変形させる力があるほど。

肛門
鰓からも一部吐き出されますが、肛門が糞や尿を排出する主器官です。

消化器・腸（胃がない）
錦鯉には胃がないため、満腹中枢が存在しません。つまり、餌の与え過ぎ、低水温により消化不良にならないよう餌やりの知識も重要です。腸は有胃魚より長く、肝臓と膵臓が一体となった肝膵臓を持ち、食道部から消化酵素を分泌します。自然界の野鯉や野池の錦鯉の体格の良さは、四六時中何かしらを食している鯉特有の消化器官によるものが大きく、飼育下でも量よりも給餌回数を上げることにより、体の張りや大きさをコントロールすることが可能となっています。

尻鰭（しりびれ）
腹側の肛門より尾側にある鰭。腹鰭と同じく体を平衡に保つ役割がありますが、不対鰭で1枚しかありません。

脳
魚類の中でも高い記憶力・学習能力を有し、飼い主の足音や生活音にも驚くべき順応性を示します。

目
体に対して小さく、1対で頭部の上側面に位置します。視界は両眼併せて360度の視野角を持つものの近眼。動いているのに敏感で、他器官と連携して近眼をカバーしています。色彩識別、特に赤色に反応し、池の中や水槽内の障害物を認識することもできます。

鰓（えら）
鰓耙（さいは）と鰓葉（さいよう）に分かれ、鰓耙は口から吸い込んだものを濾過する異物を排除する役割を担い、鰓葉は水中の酸素を取り込み、二酸化炭素水を体外に排出する繊維状の呼吸器官です。その1本1本を鰓弁（さいべん）と呼び、左右に伸びる細かいヒダに血液が流れ、水中に溶けている酸素を血液中に取り込みます。

鱗（うろこ）
身体を保護する働きをします。頭部と鰭以外の身体全体を鱗が重なり合って覆い尽くしています。鱗は側線部分で片側37～38枚あり、成長と共に年輪を形成することが知られています。錦鯉には真鯉とは正反対の鱗が少ないドイツ鯉が存在し、御三家のドイツ鯉であれば、ドイツ紅白・ドイツ三色・ドイツ昭和と呼ばれ、あらゆる品種にドイツ鯉のタイプがあります。鱗がない分、キワのすばらしい個体も多いです。

ヒゲ
上唇の左右に長短2対のヒゲがあります。錦鯉においてはヒゲの本来の機能は退化していると言われていますが、餌を味で判断するのを助けたり、触覚的な働きを持っています。

口
歯がなく前方下へ可動しやすい構造。砂利や底の餌を吸引して食べるのに非常に適しています。吸ったり吐いたりを飼育水槽でも日常で行うため、砂利などは特に角のない形状のものを使用したほうが良いでしょう。口の中に味覚を司る器官があり、ヒトより何倍も味を識別できます。雑食性で口に入るものであれば、だいたい何でも口に入れてしまいます。

水槽で楽しむ 錦鯉・金魚

錦鯉 良魚ギャラリー
Nishikigoi GRAVURE

上見を主眼において生産される錦鯉。事実、錦鯉の用語も上見要素が強いものが多く存在しています。本項では種別ごとに特選した錦鯉たちについて、上見・斜め右上・斜め左上の写真を紹介していきます。水槽飼育横見の錦鯉選びの参考にもなるのではないでしょうか。全長や年齢もさまざまなので、大きさの違いによる錦鯉の魅力も感じられるはずです。なお、詳しい解説は続く品種図鑑を参照ください。

紅白

肌質・キワ・体全体に及ぶ良質な緋盤。二色とは思えない芸術品（47cm／2歳／メス）

左右の違いで三段・四段紅白に見えるキワ・サシの良い個体（20cm／当歳）

うっすらとしたピンク色が初々しく、4段に入るみごとな緋盤が美しい個体（14.5cm／当歳）

ジグザグに入る緋盤がその名にふさわしい稲妻紅白の若魚（24cm／当歳）

錦鯉良魚ギャラリー

みごとな緋盤の質を持ち合わせた三段紅白
(29.5cm／2歳／オス)

特徴的な緋盤配列を見せる個体。
キワが実にみごと（38cm／2歳／オス）

頭部から尾部にかけて緋盤が五段に及び、
若魚にして見応えがあります
（16cm／明け2歳）

大正三色

上品さがあり、雌個体特有の
迫力を感じます（57cm／2歳／メス）

緋盤のキワ・サシが良く、
尾止めにある緋が出たらなお良いです
（21cm／当歳）

はっきりとした良質の墨が
尾部にかけてしっかり入る豪快な三色
（24cm／当歳）

すでに絶妙な位置にツボ墨が見られる当歳魚。
肌質もすばらしいです（24.5cm／当歳）

Nishikigoi

昭和三色

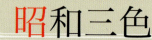

頭部の墨が少なめの上品な昭和に仕上がっています（62cm／3歳／メス）

墨の出現が著しい当歳魚。墨質も良くさらなる変化が楽しみ（19cm／当歳）

緋・墨・白の三色がはっきりと伺えます。白地の美しい昭和も格別（20cm／当歳）

頭部の墨が豪快に入り、緋盤・白地の配置も絶妙。昭和の魅力・豪快さが詰まった良魚（34cm／2歳／オス）

白写り

口先までみごとに白く仕上がり、墨質も申し分ありません。二色とは思えないすごみが感じられます（52cm／2歳／メス）

当歳にして墨のバランスに目を奪われます。5年ほどは墨の移りがあるので楽しみ（17cm／当歳）

昭和に見られる元黒もはっきり確認でき、肌質もすばらしいです（27.5cm／当歳）

頭部に見られる隠墨が今にも表れ、様相の激変が期待できます（34cm／2歳／メス）

五色

錦鯉 Nishikigoi

錦鯉良魚ギャラリー

体全体に入る浮き出るような良質な緋
盤と肌地の黒がみごとに交差しています
（59cm／3歳／メス）

肩に入る細かな緋盤が印象的な個体。
同じ柄がないと言われることが理解できます
（21cm／当歳）

より鮮やかな明るい緋盤を持つ当歳魚。
緋色のバリエーションも五色の奥深さ
（17cm／当歳）

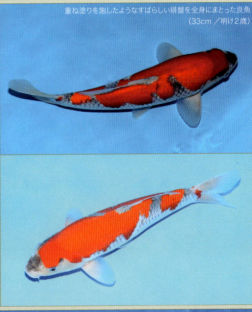

重ね塗りを施したようなすばらしい緋盤を全身にまとった良魚
（33cm／明け2歳）

彫り物のような背部の鱗列美と緋盤の鮮烈さが特徴的（42.5cm／2歳／メス）

錦鯉 Nishikigoi

A 銀鱗　紅白／大正三色／昭和三色

銀鱗紅白。肌地の白さと緋色の仕上がりの良さに加え、銀鱗の鱗が品良く重なり合っています（54cm／3歳／メス）

銀鱗紅白。緋盤配列が特徴的で白地が多いため、銀鱗の輝きも個性的（14cm／当歳）

銀鱗紅白。みごとな五段紅白のベースに良質な銀鱗が散りばめられた贅沢な個体（19.5cm／当歳）

銀鱗紅白。キワ・サシの良い銀鱗三段紅白。シンプルなもののみごとなバランス（15cm／当歳）

銀鱗紅白。肌時の美しさが際立ち、緋盤のキワ・サシ・銀鱗の質がすばらしいです（21cm／当歳）

パール銀鱗大正三色。鱗一枚一枚に丸い光が確認でき、三色特有の胸鰭の縞模様の墨に品の良さを感じることができます（18cm／明け2歳）

銀鱗昭和三色。メリハリの良い昭和の特徴に加え、銀鱗の輝きを持ち合わせた、豪華絢爛な個体（17cm／当歳）

銀鱗昭和三色。元黒の確認はできるものの、体の墨はほぼ見られません。白勝ちの銀鱗昭和となりそうです（21cm／明け2歳）

錦鯉
Nishikigoi

B 銀鱗　A 銀鱗以外

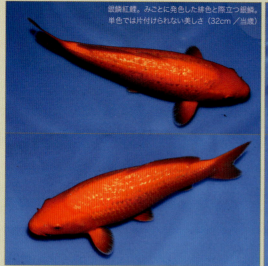

銀鱗紅鯉。みごとに発色した緋色と際立つ銀鱗。単色では片付けられない美しさ（32cm／当歳）

パール銀鱗紅鯉。パール特有の珠が見受けられます。屋外でも屋内でも光に美しく反射します（20cm／明け2歳）

銀鱗松川化け。大きさからくるすごみと松川化け特有の墨の入りかた、明瞭な鱗の白地の輝きが美しいです（69cm／明け4歳）

銀鱗変わり鯉。変わり銀鱗となると同じ表現の錦鯉ですら珍しいです。窓のように抜けた肌地の銀鱗が特徴的（27cm／2歳）

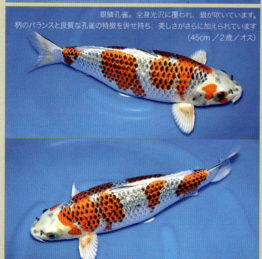

銀鱗孔雀。全身光沢に覆われ、銀が吹いています。柄のバランスと良質な孔雀の特徴を併せ持ち、美しさがさらに加えられています（45cm／2歳／オス）

銀鱗からし鯉。無地鯉も銀鱗となると様相は一変。地味さの中に上品な美しさを感じます（61cm／メス）

変わり鯉

錦鯉 Nishikigoi

錦鯉良魚ギャラリー

紅輝黒竜。11cmの大きさですでに胸鰭の発色が明瞭で、緋盤のキワもすばらしいです（11cm／当歳）

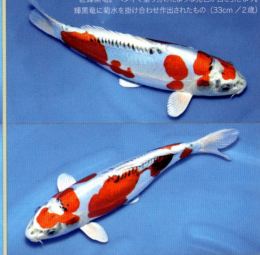

紅輝黒竜。ペンキで塗り分けたような発色が目を引きます。輝黒竜に菊水を掛け合わせ作出されたもの（33cm／2歳）

金輝黒竜。輝黒竜に孔雀を交配しつくられた品種。鱗を介さない分、金箔のような美しさ（29cm／当歳）

変わり鯉。墨の入りかた、和鯉タイプでこの存在感は他魚にはありません。まさに変わり鯉（51cm／明け3歳）

落葉しぐれ。一度見たら忘れられない配色の落葉しぐれ（75cm／メス）

変わり鯉。白写りとは異なる雰囲気を持つ個体。同じ二色表現ですがここまで違います（53cm／3歳）

水槽で楽しむ 錦鯉・金魚　015

錦鯉 Nishikigoi

孔雀

緋が頭部から尾止めにかけて入り、当歳魚であっても素質の良さが伺えます（17cm／当歳）

落ち着いた色彩で気品を感じる孔雀（52cm／2歳）

頭部。各鰭の光沢・緋盤の配置・鱗美がますます良くなりそうな個体（44cm／2歳）

左右に非対称で入る緋と鱗の網目模様が芸術的（28cm／当歳）

九紋竜

九紋竜。艶やかな白の肌地、良質な墨から成熟と環境の良い管理が伺えます（59cm／3歳／メス）

紅九紋竜。緋が体全体に及び、質も良いです。墨がどこに表れるのかが楽しみ（27cm／当歳）

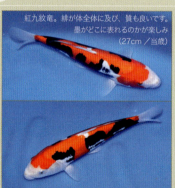

九紋竜。墨が多く表れた2才魚、これだけ墨が出ていても白勝ちにもなります（45cm／2歳）

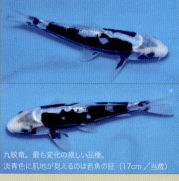

九紋竜。最も変化の激しい品種。淡青色に肌地が見えるのは若魚の証（17cm／当歳）

紅九紋竜。緋が左右にみごとに流れるように入った、上質な個体（26cm／明け2歳）

ドイツ鯉

ドイツ紅白。和鯉には見られない緋盤のキワの良さとシルクのような肌が美しいです（26cm／当歳）

ドイツ紅白。豪快な緋盤を持つ当歳魚。アート的な魅力に溢れています（25cm／当歳）

ドイツ大正三色。墨汁を真っ白なシルクの上に点々と垂らしたような墨の出現が特徴的（29cm／当歳）

ドイツ大正三色。墨の面積が大きめ（大墨）の三色。ドイツ鯉ならではのメリハリが利いています（20cm／当歳）

ドイツ昭和三色。ド派手な墨をまとった当歳魚。墨質がすばらしいです。将来、どこに墨が決まるかが重要（19.5cm／当歳）

ドイツ昭和三色。頭部にうっすらとした墨があり、緋の位置が良いだけに墨位置で評価が大きく変わります（24cm／2歳／オス）

ドイツ白写り。流通の少ない品種。良質な墨の個体なので将来、肌地の白を際立たせたいところ（16cm／明け2歳）

錦鯉 Nishikigoi

錦鯉良魚ギャラリー

錦鯉
Nishikigoi

光り模様

菊水。地体のなめらかな白色と腹側まで巻く緋盤が印象的です。胸鰭にまで光沢が及びます（39cm／当歳／メス）

ドイツ大和錦。体全体に光沢が表れる前の当歳魚。ドイツ鯉特有のキワの良さと光沢が体全体に渡り始めれば、見栄えは見違えるほど変化します（11cm／当歳）

菊水。左右異なる緋盤を持つ優良魚。各鰭の光沢が実に美しいです。紅白のこまかしの効かない表現も兼ね備えています（19cm／当歳）

菊水。頭部にある緋盤と体後半に流れる緋盤が美しい個体。当歳でありながらの地の光沢の美しさは他品種を圧倒（22cm／当歳）

衣

藍衣。紅白にも負けない流れるような緋盤を持つ優良魚。鱗に入る黒と地肌の白が圧巻（53cm／2歳／メス）

葡萄衣。緋盤の色の濃さの違いが明らかな葡萄衣。体全体に及ぶ味のあるバランスの良い斑紋が印象的（70cm／4歳／メス）

衣。緋盤の淵、下に黒が表れ始めています。緋盤のキワ・サシも紅白の要素をクリアしています（14cm／当歳）

葡萄衣。頭部の形の良い斑と尾止めまでみごとに入る斑が抜群な有望若魚（19.5cm／2歳）

Nishikigoi & Gold Fish　Pictorial book of Nishikigoi

丹頂

錦鯉 Nishikigoi

錦鯉良魚ギャラリー

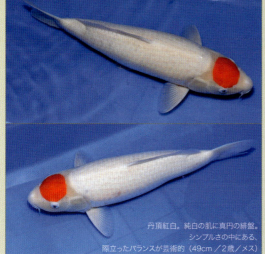

丹頂紅白。純白の肌に真円の緋盤。シンプルさの中にある、際立ったバランスが芸術的（49cm／2歳／メス）

丹頂三色。三色の質の良さとみごとな緋盤の位置を見せる良魚（24cm／当歳）

丹頂昭和。緋盤に墨がかかるとここまで印象が違って見えます。墨の迫力が伝わる良魚（48cm／2歳）

丹頂孔雀。鱗一枚一枚の美しさと緋盤の位置・発色、まさに良い所取りの表現（54cm／3歳／オス）

銀鱗丹頂紅白。きらきら光る雪をまとった体に、緋盤が丸くみごとに収まっています（28.5cm／明け2歳）

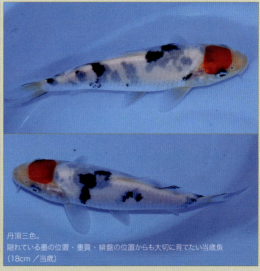

丹頂三色。隠れている墨の位置・墨質・緋盤の位置からも大切に育てたい当歳魚（18cm／当歳）

水槽で楽しむ 錦鯉・金魚

錦鯉
Nishikigoi

丹　頂

丹頂昭和。すでに豪快な墨を出現させている当歳魚。
頭部の緋の深まり、成長が楽しみな良魚（13cm／当歳）

丹頂五色。
五色特有の浮き出るような緋盤に
黒みを帯び始めた肌。実に楽しみな個体
（20cm／当歳）

丹頂孔雀。
若魚にして発色がすばらしい個体が多い孔雀。各鰭の輝きも実に美しいです
（20cm／明け2歳）

光り写り

金昭和。腕の光沢とオレンジがかった緋盤。
体全体の光沢が美しく、仕上がりが楽しみ（24cm／当歳）

金昭和。
昭和三色と黄金種との交配でつくられた品種。
昭和当歳魚の特徴を持ち合わせています
（17cm／当歳）

金昭和。
オレンジ色の緋が大半の品種ですが、
良い緋質・墨質・肌地の輝きを持つ良魚
（18cm／当歳）

Nishikigoi & Gold Fish　Pictorial book of Nishikigoi

光り無地

山吹黄金。濃厚な山吹色を呈した良魚。目を疑うほどの発色（40cm／2歳）

ネズ黄金。全身純白ではなく、頬・頭部・鱗に黄金の発色がうっすらとある品種（50cm／2歳）

瑞穂黄金。体全体に蛍光色のビビッドな発色を見せ、不揃いな鱗が雰囲気を醸し出しています（73cm／4歳）

黄みずほ。独特な鱗の並びと強烈な黄金発色を見せる個体。魚の域を超える個性です（55cm／3歳／メス）

銀松葉。当歳魚でありながら松葉特有の背側の鱗の輝きをはっきりと示す良魚（21cm／当歳）

オレンジ松葉。オレンジ色の発色がすばらしく、背側の松葉柄もみごと（22cm／当歳）

錦鯉 Nishikigoi
錦鯉良魚ギャラリー

錦鯉
Nishikigoi

光り無地

山吹黄金。当歳魚でこの発色は目を見張るものがあります。山吹色に発色する個体を選びたいもの
（11cm／当歳）

昔黄金。浮き出るような鱗と体全体に入る錆びが味わい深い黄金
（36cm／明け2歳）

プラチナ黄金。各鱗にまで及ぶ純白の体が実に美しいです。ネズ黄金と黄鯉により作出された品種（14cm／2歳）

秋翠

両側に大きく入る鮮やかな緋色と、均一な大きさの背側の鱗の並びが美しいです
（35cm／当歳）

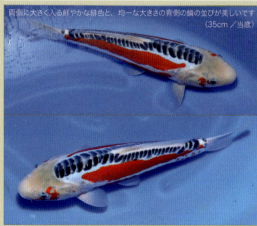

印象的な緋の入りかたを見せる若魚。浅黄とドイツ鯉の交配でつくられた品種
（24.5cm／当歳）

爽やかな青色の肌にみごとに並んだ均一な鱗。緋色の発色にも目を奪われます
（20cm／当歳）

浅黄

頬の橙色、側線鱗より下の橙色が特に美しく、染みのない頭部、肌地の美しさもみごと（50cm／2歳／メス）

現在主流の鳴海浅黄。腹の橙色の鮮烈な発色と鱗美は見応え十分（60cm／3歳／メス）

錦鯉良魚ギャラリー

当歳魚であればうっすらと橙色の発色を確認できれば良いです（27cm／当歳）

背鰭の発色が特に美しく網目状の鱗の並びも抜群。頭部も美しい有望個体（46cm／2歳／オス）

べっ甲

ドイツべっ甲。鱗がない分メリハリの効いた漆のような墨、真白な肌地が非常に美しいです（70cm／4歳／メス）

べっ甲。三色の持つ品の良さと絶妙な墨位置を見せる良魚（70cm／4歳／メス）

ドイツべっ甲。当歳魚ですがすでに良質の墨をまとっています（24cm／当歳）

錦鯉
Nishikigoi

緋写り

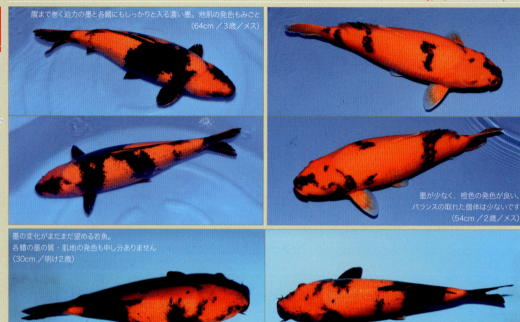

腹まで巻く迫力の墨と各鰭にもしっかりと入る濃い墨。地肌の発色もみごと（64cm／3歳／メス）

墨が少なく、橙色の発色が良い、バランスの取れた個体は少ないです（54cm／2歳／メス）

墨の変化がまだまだ望める若魚。各鰭の墨の質・肌地の発色も申し分ありません（30cm／明け2歳）

無　地

紅鯉。蛍光色の様な発色を見せる紅鯉。大きさ年数を重ねる度に全身の色合いを増していきます（57cm／2歳／メス）

赤目黄鯉。赤目であるため、全体的な色素が薄く、透けるような美しさと神々しさを併せ持っています（60cm／3歳／メス）

烏鯉。名のとおり全身真黒に覆われ、野生味と迫力を持ち、混泳しても存在感は群を抜きます（85cm／7歳／メス）

紅鯉。無地鯉は体型、鱗の並び、各鰭にまでこだわって迎えたい品種（32cm／明け2歳）

Nishikigoi & Gold Fish　Pictorial book of Nishikigoi

錦鯉の品種

Pictorial Book of Nishikigoi

緋盤が背側に集中している個体。当歳魚であっても上見で作出されていることがはっきりと分かります。被り気味の緋も愛嬌を感じます

紅白

こうはく

KOHAKU

　白い肌地に緋盤（赤い模様）の入る錦鯉の代表品種。最多生産量を誇り、携わる国内の生産業者も非常に多いです。白地はより白く美しく、濃厚な紅質・緋盤が胴体と尻鰭の境にあり、尾止め緋があればバランスが良く、さらにキワ（白地と緋盤の境目）のはっきりとした個体が良魚とされています。2色構成という非常にシンプルな錦鯉ですが、同じ柄がいないほど奥深く、ごまかしも利きません。赤の鮮明さや模様の入りかたで価値が大きく変わり、シンプルが故に良魚を探す・仕上げるのが難しい種類と言えます。また、緋盤模様の入りかただけでも「一本緋」「大模様」「小模様」「二段・三段・四段模様」「鹿の子」「面被り」「片模様」「稲妻紅白」等々、18種類以上の専門用語が存在します。

　水槽飼育においても色揚飼料の技術革新により、緋

錦鯉

Nishikigoi

色の色揚げだけではなく、白の肌地にもこだわった錦鯉専用飼料があり、横見でもその美しさを存分に味わうことができるようになりました。また、紅白の良魚は、生産・選別の段階で、上見重視で作出されるため、背部に緋盤柄が集中している個体が多いものの、水槽飼育であれば腹側にまで緋盤が及ぶ個体であっても見応えがあります。そのため、有名生産者の紅白であっても、安価に購入できることがあります。

20cmほどで成長が落ち着いてくると、年齢を重ねるたびに緋盤の濃さが増し、見応えのある個体に仕上がってきます。大きく美しく育てることが非常に奥深く難しい錦鯉飼育が大きさではなく、肌・鱗の美しさ、緋盤模様、緋色・白地の質で楽しめることは、まさに横見の醍醐味・最大の魅力。錦鯉御三家の1品種である紅白は、錦鯉の品評会においての評価も常にトップクラスであり、国内に留まらず海外人気においても紅白の和柄は、絶大な人気があります。お気に入りの紅白を導入することで、驚くほど水槽内の雰囲気が変わるでしょう。熱烈なファンが多く、歴史があることにも頷ける品種です。

横見で重量感のある腹側まで巻く緋盤が特徴の個体。四段模様にも見えます

キワ・サシともに非常に美しく、緋盤のバランスも絶妙な個体。時折見せるアングルは小さいながらも紅白の魅力を感じさせてくれます

白地の面積が大きく白肌が美しい個体。透明感があり当歳魚ならではの初々しさ

錦鯉 Nishikigoi

錦鯉の品種●紅白／大正三色

墨質・紅質の良い当歳三色。正面からの緋の入りかたも良いバランス。
墨質は良いので、出現する箇所次第でよりこの三色の見栄えが変わってきます

大正三色

たいしょうさんけ

TAISHO SANKE

　御三家の1品種。大正時代につくり出されことからこの名が付けられ、地肌の白・緋盤・墨模様から、三色（さんけ）と呼ばれます。基本模様は紅白で、緋盤は頭部から尾止めにかけて、白の肌地を見せながら黒い艶のある点墨が本品種のポイント。頭に墨が入らず、腕には縞模様もしくは墨がなく、さらに小さなツヤのある墨がバランス良く入ることが良魚とされます。紅白のごまかしの利かない特性に加え、墨の出方で品位が左右する大正三色は、多くの錦鯉品種の中でも最も奥深く、美しく上品な品種と言えます。

　墨は、溶存酸素量や水温・水質に大きく影響を受けやすく、一般的には夏季の気温・水温上昇に伴い墨は薄れ、水温が下がり始める季節にくっきりとツヤのある墨が出現する場合が多いです。水槽飼育下においても、導入直後を除き環境に慣れ始めてからは、秋から春先までの間、15〜23℃前後の水温を意識することも本品種の魅力を引き出すうえで大切。室内での水槽飼育ではヒーターを用いていない愛好家も多く、低水温（12℃以下）になる可能性のある冬季は餌の与えかたに注意すれば、墨を持つ錦鯉ともっとうまく付き合えるでしょう。なお、昭和三色と区別についてよく質問されますが、品種創出を紐解くと白べっ甲に緋があるものを大正三色、白写りに緋があるものを昭和三色とみる見方もあります。近年、三色においても豪快な墨をまとった個体が作られていますが、数を見ることで判別精度を上げていけば、ほとんどの場合、見分けができるようになります。

錦鯉
Nishikigoi

左右で全く印象の違う個体。水槽飼育、横見の魅力の一つです

豪快な墨をまとった個体。胸鰭にある縞模様の墨の出方に三色の特徴があります。地肌が美しくメリハリも良いです

錦鯉 Nishikigoi

錦鯉の品種 ● 大正三色

緋のバランス・地が美しく上品な個体。
肩に出た墨質も非常に良く、いずれ出現する墨の下地の青地が各所にあり将来が楽しみです

頭部に質の良い緋盤が入る一方、体側に入る緋・墨が薄く欠け始めています。将来的には、緋が飛び丹頂三色に化ける可能性も

頭部に真ん丸の緋盤があり"丸天"と呼んでよい個体。
青地の部分が各所に見て伺えます

横見が非常に美しく、緋盤・墨の出現箇所や質も良いです。体型も良く、水槽飼育に迎えたい個体です

水槽で楽しむ 錦鯉・金魚

錦鯉
Nishikigoi

胸鰭付け根にはっきりとした元黒を確認できます。頭部から入る各所の墨の濃さからも将来性を感じます

昭和三色

しょうわさんしょく
SHOWA SANSHOKU

　緋・墨・白の三色を持ち、名のとおり昭和の初期に作られた御三家の1品種。口先や頭部にも墨を持ち、白地は比較的少ないのが特徴です。近年、白地の多い昭和三色を見かける機会も増えましたが、大正三色とはあきらかに異なり、口先から頭部、体全体に墨がしっかりと入ります。他品種に比べ変化が激しく、幼魚期に墨が少なくても5歳くらいまでは、水槽飼育下の大きさに変化の少ない飼育スタイルであっても、年齢を重ねることで十二分に変化が起こります。昭和三色は将来性を見越して選魚する魅力が高い品種と言え、熟練した愛好家であっても墨の変化には驚かされるものです。当歳魚で最も購入したくなる、御三家と言われる所以ではないでしょうか。

　昭和三色は墨に注目して、①胸鰭に元黒が入る（胸鰭付け根の墨）②連なった形状と面積が大きく、腹部より背中にかけて巻き上げている③緋盤と墨が絶妙に交差しながらも、墨が緋に溶け込むのではなく、くっきりと塗り分けられたようなメリハリがある④間から見える良質な肌地の白を持ち合わせている、これらを満たすものを良魚としています。

　大正三色よりも強く濃い墨質の個体が多いですが、水温が高温になる夏季は、やはり緋・墨共に薄くなる個体が多いため、水温・溶存酸素・水質のチェックを行い、水温が落ち着く秋頃からの昭和三色の魅力を水槽内でもぜひとも引き出し、楽しんでください。

錦鯉の品種 ● 昭和三色

頭部には濃い墨、体側にはかすれたような墨が散在する個体。同じ昭和三色でも雰囲気がだいぶ異なります。かすれた墨の雰囲気を持ったままの大型個体を見かけることも

緋色が非常に美しくバランスの良い個体。墨は現時点では少ないものの激変する可能性があります。白地の多い昭和三色は「近代昭和」と呼ばれます

10cmほどの個体ですが、昭和三色の特徴である頭部にも隠れ墨が存在しています。じっくり飼い込み楽しみたい個体

昭和三色の特徴が随所にある個体。緋盤の質が良く、元黒もしっかりと確認できます。5歳くらいまでは墨が激変するため、購入時に墨が少なくても墨質・紅質で選ぶのがお勧め

錦鯉
Nishikigoi

頭部、体側にもしっかりと入る写り墨が印象的な個体。肌質も良く、体型もすばらしいです。
墨量が多く他品種と混泳させても、存在感が際立ちます

白写り

しろうつり
SHIROUTSURI

　品評会でもトップクラスの人気を誇り、水槽飼育での存在感は群を抜いています。御三家（紅白・大正三色・昭和三色）に負けず劣らずの奥深さ、品位・個性を有する品種。墨の位置・質・肌地の白質のバランスで評価・見栄えが大きく変わってきます。昭和三色の緋のない表現であり、口先・鼻先より墨が豪快に入って昭和三色同様に5歳頃まで墨模様も大きく変化していくという愉しさ・難しさがあります。まさに墨一色によって白紙の上に対象を描写する水墨画に通ずる部分があり、観賞魚としての格好良さ・愛らしさを持っています。また、腹側にも墨を巻く個体が多く横見でも楽しめる面があります。口先まで白地が美しく、墨色が艶濃く尾止めまでバランス良く墨が配置されている個体が良魚とされています。墨が多すぎる、尾部全体が墨だらけの個体、墨の配置が悪い・少ない個体も多く、見栄えがあきらかに違って見えておもしろいです。幼魚期に頭部に隠れ墨（表には出ていないうっすらとした墨染）を持つ個体が好まれますが、昭和三色に同じく自分で選んだ白写りが仕上がっていくさまは、水槽飼育にもうってつけの品種と言えるでしょう。

　色揚げ飼料に加え、白地を引き出す・仕上げる飼料が販売されているので、白写りには肌地を意識した飼料も試してみると良いでしょう。墨を持つ他品種同様、高水温による墨の影響が見られるので、飼育にもこだわって白写りの仕上がり・変化を満喫してほしいものです。

錦鯉の品種 ● 白写り

各鰭にしっかりとした墨が入り、肌地の白さも良いです。将来どう仕上がっていくか楽しみな個体。
横見での鰭の黒さは、他品種には感じられない魅力の一つ

御三家に負けず劣らずの墨質・肌地を持ち合わせた個体。
質の良い昭和三色の特徴が感じられます。写り墨は水槽飼育下でも5年ほど変化を楽しむことができます

錦鯉
Nishikigoi

四段模様の緋盤の入る当歳魚。幼い印象が強いですが緋盤のバランスが良いです。緋盤の深まりを堪能したい1尾

五 色
ごしき
GOSHIKI

　名前の由来は、浅黄と大正三色の交配により作出され、多色を持ち合わせたことから、五色と呼ばれるようになったため。肌地にさまざまなバリエーションが存在し、黒・白を基調とした個体、浅黄のような網目状の鱗をまとった個体までおりコレクション性の高い品種です。緋盤が他品種に比べ濃い紅色の発色であり、水槽飼育下でも良環境下で飼育年数を重ねると浮き出たように緋の厚みが増し、肌地の深みも変化するので、仕上げていく愉しさ・奥深さも加味されます。横見で観賞する場合、腹側にまで緋盤が入る個体も迫力があって魅力的な表現となります。品評会においても有力品種で愛好家・流通業者に人気が高く、生産者の熱意が高いため、水槽飼育向きの大きさの個体が入手しやすいのも嬉しいです。

緋盤が浮き出るように入った個体。水槽内でも目を奪われるほどの鮮烈さ

錦鯉の品種 ● 五色

バンドの入ったような緋盤が特徴的。地肌の色が黒くコントラストが良いです

緋盤が腹から巻き上がり、体側全体に及ぶド派手な五色。
体つきも良く水槽飼育にはうってつけです

錦鯉 Nishikigoi

銀鱗紅白。紅質が良く側線鱗を境に上下に分かれ、銀鱗の特徴が体側にも表れています

銀 鱗

A銀鱗（紅白・大正三色・昭和三色）
B銀鱗（A銀鱗以外のもの）

ぎんりん
GINRIN

体色に加え、鱗一枚一枚が金色や銀色にさらに光り輝く品種。各品種に銀鱗タイプが存在（鱗を持つ和鯉品種のみを指します）することも、奥深い錦鯉の創作技術の賜物です。LEDの普及した現在の水槽用ライト下ではより輝きがプラスされるので、横見飼育にうってつけの品種と言えるでしょう。大きくなるにつれ、鱗をまとう表皮の厚さが増し、大型個体では鱗の輝きが目立たなくなる個体も多いですが、水槽飼育下で一定の大きさで成長が落ち着いた個体は、長年においてその美しさを堪能できるのも大きな魅力です。また、輝きかたにより光のより強いものを"ダイヤ銀鱗"、パールが散りばめられたように鱗の中心部が丸く輝き、褪輝しにくい"パール銀鱗"も存在します。銀鱗は多品種に渡るため、銀鱗錦鯉の混泳は特に見応えがあり非常に美しく、上品かつ高級感があります。男性のみならず女性にも人気が高い品種です。

銀鱗紅白。緋盤のキワ・サシ共に良く、銀鱗の輝きも強いです。水槽飼育の利点は大型個体特有の鱗の厚みが付かないため銀鱗を長く楽しめるところにもあります

錦鯉 Nishikigoi

錦鯉の品種 ● 銀鱗

銀鱗大正三色。3歳になる水槽飼育個体。全長で15cmほどですが墨質も良く、銀鱗の輝きが増してきています

パール銀鱗大正三色。中央に粒上の真珠のような輝きのある鱗があり、銀鱗とは光りかたがあきらかに異なります。水槽飼育ではLED照明に相性が良く、輝きも強く褪せにくいです

銀鱗昭和三色。出現している墨質・銀鱗の輝きが良い当歳魚。劇的な墨の変化で全く印象の違う魚になります。昭和三色の特徴である元黒も確認できます

銀鱗昭和三色。すでに墨が面割れで入り、銀鱗もはっきりしています。おそらく全体的に墨勝ちの魚になるでしょう

銀鱗昭和三色。将来的には白勝ちになると思われます。2匹とて同じ魚がおらず、各タイプコレクションしたくなる品種

銀鱗白写り(同魚)。墨の濃さはこれからの個体ですが、背側より覗かせる銀鱗が美しいです

水槽で楽しむ 錦鯉・金魚

錦鯉
Nishikigoi

銀鱗白写り。白写りの品の良さと、銀鱗の相性の良さを感じさせる個体

銀鱗黄写り。なべ墨を持つ黄写りの銀鱗個体。他品種にはない、いぶし銀の格好良さ

銀鱗緋写り。飼い込むことで緋色が増せば、墨量の多さから銀鱗が際立ち、見応えのある良魚になります

銀鱗落ち葉しぐれ。明るい色彩の落ち葉しぐれ銀鱗タイプ。銀鱗の輝く面積が広く、水槽内でも目立つカラー

銀鱗五色。肌地の色からか銀鱗がひときわ目立つ個体。緋盤の発色も抜群で美しいです

銀鱗五色。横見にふさわしい緋盤の入りかたをしており、水槽飼育下でも十分見応えがあります

銀鱗緑鯉。珍しい緑鯉の銀鱗タイプ。アルビノ種のためか神々しさが感じられます

038　Nishikigoi & Gold Fish　● Pictorial book of Nishikigoi

錦鯉 Nishikigoi

錦鯉の品種 ● 銀鱗／変わり鯉

影白写り。浅黄の網目状の鱗と白写りの写り墨を持ち合わせた品種。網目状の鱗が際立てばさらに良いです

変わり鯉

かわりごい

KAWARIGOI

　100品種以上いると言われている錦鯉は現在も品種数・未固定種共に増加を続けています。一般的な種別に含まれない錦鯉を総称して「変わり鯉」と呼びます。代表種としては落ち葉しぐれが相当し、変わりと呼ばれる中には1点ものも含まれます。珍しい個体がほとんどなため一期一会な錦鯉が多く、一度買い逃すと同じような種類を探すだけでも困難です。錦鯉の生産・作出は他品種との交配も珍しくないため、両親の表現の混在したもの、唯一の錦鯉が生まれてくる可能性を秘めているものです。これが錦鯉の魅力が尽きない大きな理由の一つであり、こだわりの1尾を眺めるのもぜひお勧めしたいです。表現・色彩の異なる錦鯉たちを混泳させてもみごとに絵になるところが錦鯉のすごさです。

金輝黒竜。背中の鱗が特徴的な品種。各鰭にも光があり、ゴージャスな印象で、良個体の 希少価値も高いです。背鰭に美しく均等に整列した鱗が良魚の証

水槽で楽しむ 錦鯉・金魚

錦鯉
Nishikigoi

落ち葉しぐれ。
印象的な名の品種でカラーバリエーションが豊富。他魚との色の相性も良いです

紅輝黒竜。輝黒竜に紅が入る比較的新しい品種。
生産量が少なく美しい個体も少ないため、良魚の希少価値・評価の高い鯉。
近年注目度が非常に高く、本品種が御三家に勝利した大会もあります

錦鯉の品種 ● 変わり鯉／孔雀

緋色の美しいよく見かける配色の孔雀。各鰭・地肌のツヤもみごと

オレンジ色の美しい発色を見せる孔雀。カラーの違い、美しさに驚かされます

黄色の鮮やかな孔雀。胸鰭・腹鰭の白ツヤも美しいです。水槽飼育ではおそらく黄色のままで飼育が可能

水槽内でも時折見せてくれる美しい後ろ姿です

孔 雀

くじゃく
KUJAKU

　品種名は、鳥のクジャクが羽根を広げた優雅な姿を連想できることから。正式には"孔雀黄金"と呼ばれます。地肌から胸鰭を含む各鰭に及ぶ強いプラチナ光沢に、緋盤が尾止めまでバランス良く入り、網目状の美しい配列の鱗と黒い斑紋が程よく入った個体を良魚としています。水槽飼育でも小型のまま飼育を続けられる愛好家が多いせいか、緋色のみではなく艶のある黄色・鮮やかなオレンジ色の体色のままの個体も多く見受けられます。色揚げ飼料を使用することで成長に伴い色合いが濃く仕上がってきますが、黄色のままに小さく仕上げられた孔雀も非常に美しいです。丹頂柄タイプも存在し、松葉柄にツヤのある緋・オレンジ・黄色の丹頂柄の個体は、他品種の良い所取りで贅沢な表現であり見応え十分です。品評会でもファンが非常に多く、"光り模様"という出品鯉の種別を越え、独立した"孔雀"というカテゴリーがあるほど。全ての鰭にプラチナ光沢の入る孔雀黄金は、横見の水槽飼育下での存在感・華やかさでは群を抜いています。

全く違う雰囲気を持つ孔雀。背側の深みのある色彩、横見に適した緋模様、鰭の細部に至るまで美しいです

錦鯉
Nishikigoi

九紋竜。お手本となるような良魚。まずは体型の良い個体を選びましょう。他品種にはない、墨の浮き沈みが魅力です

九紋竜

くもんりゅう
KUMONRYU

　鱗のないドイツ鯉で、白の艶やかな肌地が非常に美しくなめらかであり、流れるように体全体に墨の入る品種。名の由来は竜が雲となり空へ昇るさまから。他品種に見られる墨の出現とは全く異なる点は、九紋竜を語るには外せない特徴の一つです。高水温時に一気に墨が褪め純白になってしまっても、水温が低くなるに伴い、想像をゆうに超える面積・場所に墨が出現します。同じ場所の墨の浮き沈みではなく、全く関係のない場所、時には全身真っ黒になるほどの変化を楽しめます。水槽飼育下でも墨の浮き沈みは見られ、成長が落着き5年が経過している個体であっても変化が起こることがあります。目の色も印象的で、真っ黒で愛らしい個体が多いです。屋内の水温が落ち着く秋冬こそ観賞するうえで非常に楽しみな時期です。また、九紋竜とドイツ紅白を交配し作出された紅九紋竜も墨の変化が激しく、九紋竜に紅が入る特徴を持つ品種です。

紅九紋竜。緋斑の位置が絶妙な個体で墨質も抜群。水温管理にも気を付け良い墨を導き出したいものです

錦鯉の品種 ● 九紋竜／ドイツ鯉

ドイツ紅白。鱗がほとんどない革鯉タイプのため、緋斑の鮮やかさが美しいです

ドイツ鯉

どいつごい

DOITSUGOI

　中央アジアと中国に発祥した鯉は、主に食用として全世界へと広がり養殖がなされていきました。その後オーストリアやドイツに渡り、食用の利便性を上げるために品種改良が進められ、鱗のある鯉よりも調理がしやすい鱗のほとんどない鯉がつくられたのが本品種の由来。元々ドイツ鯉は全身地味な灰色・薄黒色で、鱗がまばらかほぼない種類であり、体格も良く内臓体質も強靭であるため、成長が速く食用を目的とした養殖に非常に向いている鯉でした。

　日本にも1904年に革鯉タイプと鏡鯉タイプのドイツ鯉がごく少数稚魚で輸入されましたが、鱗のないドイツ鯉はグロテスクな印象で、当時の日本では食用として受け入れられず定着はしませんでした。しかし、観賞魚としては、当時の錦鯉との初めての交配により秋翠が新品種として作出され、体格の良い、強堅種であるドイツ鯉の特徴を受け継ぎ、現在に至ります。

　このように、ドイツ鯉は錦鯉の改良・繁栄に大きく影響をもたらしてきた品種です。各品種とも鱗のないなめらかな肌地のため、緋も墨もみごとなメリハリを呈し、筆で塗り分けたようなキワのすばらしい個体が多く存在することも、本品種の最大の魅力の一つです。横見の飼育スタイルであっても、アート的な魅力を感じることができる品種群と言えるでしょう。

錦鯉
Nishikigoi

ドイツ紅白。大小の光る鱗が散在する革鯉と鏡鯉タイプの中間的なドイツ鯉。イレギュラーな鱗の存在がここまで印象を変えます

ドイツ大正三色。革鯉タイプの三色。鱗がないため、なめらかさとキワ・発色の良さが見受けられます

ドイツ大正三色。"石垣鱗"と呼ぶにふさわしい鱗をまとった鎧ドイツタイプ。横見の場合、大小さまざまな鱗がありながらも、キワの良い個体は観賞価値が高いです

ドイツ昭和三色の同個体。左右の墨の入りかたで印象が異なり、キワの良さと昭和の墨の豪快さを感じます。緋盤の濃さがすさまじい1尾

ドイツ緋写り。地肌の発色がすばらしく、墨質も良く目を奪われます。水槽飼育下で3年が経過し発色がめざましい個体

錦鯉の品種 ● ドイツ鯉／光り模様

菊水。ドイツ紅白にプラチナを交配させ作り出された品種。各鰭が光を帯びているのでドイツ紅白と区別ができます

菊水。水槽飼育1年で仕上がりを見せた個体。肌地・緋色の質があきらかに良くなってきています

光り模様

ひかりもよう

HIKARIMOYO

　光り模様とは、ドイツ品種（和鯉も一部含まれる）の特徴である鱗のないなめらかな肌地と金属光沢、キワの良さを併せ持ち写り墨を持たない品種の総称。胸鰭に光沢があきらかに入るため、区別できます。和のイメージが強い錦鯉ですが、派手で鮮烈な色彩、豪華な泳姿は異国の雰囲気を醸し出しています。水槽飼育下において、煌びやかな美しさを堪能できる美品種です。

張り分け黄金（同魚）。和鯉（鱗のある）タイプであることで気品が加わり、模様の配置・各鰭の輝きが抜群に美しい個体です。ドイツ張り分け黄金（鱗のない）もシルクのような肌に金色の模様が美しいです

錦鯉
Nishikigoi

藍衣。衣の中でも明るい緋斑の中に藍色の網目があります。紅白の要素が兼ね備えられている個体が良魚です。当歳魚(上)・2歳魚(下)共に、緋盤に藍色・墨色をうっすらと確認できます

衣

ころも

K O R O M O

紅白からの派生品種であり、派手な配色ではないものの渋さの中に品格を備え他品種をより際立てます。緋盤の中に半月状の藍色・墨色を持ち、点状の染みがなく、肌地が白く紅白のような柄模様を持つものが良魚とされます。衣には、"藍衣""墨衣""葡萄衣"があり、色の濃さで呼び名が分けられていますが、現在は藍衣が主流で、水槽内での小さな個体では呼び名に困る配色の個体も存在します。混泳水槽でも落ち着いた色合いで控えめでありながらも存在感があり、他品種との色彩の共演にも合わせやすい品種です。

呼び名の難しい緋盤の色調を見せる個体。肌地が白く横見での模様位置も良いです。衣であることは間違いありません

葡萄衣。頭部の模様が薄れているのか表れ始めているのかは不明ですが、あきらかに緋盤は葡萄色

葡萄衣。模様が頭部よりバランス良く体側まで入った、インパクトの強い横見の人気タイプ。白地の質も良く衣としては派手さを感じます

葡萄衣。現時点で緋斑の色がさまざまに浮き上がっています。背中側に集中する模様もまとまりがあり、バランスがとれています

錦鯉の品種・衣

錦鯉
Nishikigoi

丹頂紅白（同魚）。泳ぐ角度が変わった瞬間に見せる丹頂のバランス美。地肌の白さに位置・形の良い緋斑がまさにタンチョウヅルのごとく美しいです

丹　頂

たんちょう

TANCHO

　真白の肌地に、頭部にのみ入る形の良い丸い緋盤。まるでタンチョウヅルのような容姿からその名が付けられました。大正三色・昭和三色・五色などの他品種においても、頭部のみに日の丸緋斑があるものを総称して"丹頂○○"と呼び、体部に墨以外の緋や柄模様が入るものは区別されています。まさに、日本の国旗を連想させる日の丸柄の円形・配置で、シンプルでありながらも形の善し悪しや位置により、見ために驚くほど差の出る品種でもあります。海外での人気も特に高く、日本の愛好家にも馴染みが深いです。

　①緋斑のズレがない②背部まで及ばない③目にかからない④日の丸模様の形が円に近い個体を良魚とします。水槽飼育下であってもさまざまな泳ぎの中でアングルが変化し、シンプルでありながら、飽きのこない際立った存在感を持っています。

　丹頂緋盤に関しては、ややデリケートな部分があり、ストレスや体調不良時に緋が飛び（緋が欠けたりなくなってしまう）の症状が見られることがあります。一度緋飛びが起こってしまうと、なかなか元に戻らない場合が多く、魚病薬で治す範疇でもありません。導入の際は混泳魚とのパワーバランス、飼育環境、水質、水温など他品種よりも少し気遣いたいものです。スペースの限られた水槽飼育環境では極力同居錦鯉を同じくらいのサイズにすることを心掛け、餌やりでも差がつかないよう小粒な餌で全体に行き渡るように与えることも、テクニックの一つです。

錦鯉 Nishikigoi

錦鯉の品種●丹頂

丹頂三色。目や肩側に緋がかからず、白地の美しさ、体型も良い個体。墨の出方、まとまり次第で良魚の可能性を秘めています

張り分け丹頂紅白。珍しい張り分け紅白（和鯉）の丹頂タイプ。シルクのようなツヤが各鰭にも及び、鰭を動かすだけでも美しいです

丹頂五色。形を整えて描いたようなユニークな形の緋斑を持っています。地肌の黒さも良く仕上がりが楽しみ

銀鱗丹頂五色。五色の地肌に銀鱗、さらに丹頂緋斑の贅沢な表現。緋斑の大きさが少し大きく、目、鼻にかかっているものの緋質の良さでカバーしています

ドイツ丹頂三色。鱗のほとんどない革鯉タイプのドイツ鯉。2年ほどの水槽飼育で20cmほどあり色揚げ飼料の影響で各鰭・頭部に黄ばみがあるものの墨質・隠れ墨もあり、頭部の緋質も良いです

銀鱗丹頂三色。墨の濃さ配置共に横見飼育に向いている個体。肩にうっすらと見えるピンク色は年齢、成長と共に消えていきます。銀鱗の輝質もみごと

丹頂墨衣。墨色の緋斑を頭部にバランス良く入っています。肌地も美しく上品

丹頂孔雀黄金。10cmほどの当歳魚でありながら、この地のツヤ・テリには驚かされます。将来的に頭部の緋色がどう仕上がるか楽しみです

水槽で楽しむ 錦鯉・金魚　049

錦鯉
Nishikigoi

金昭和（同魚）。購入した直後に撮影した際は、緋色が鮮やかでしたが（上）、環境が変わり、10日ほどで緋色があきらかにオレンジ色に変化してしまいました。墨が少し薄くなった原因として、高水温と移動によるストレスが考えられます。金昭和の緋色はデリケートな部分がありますが、環境を整えた結果、序々に戻りつつあります

光り写り
ひかりうつり
HIKARIUTSURI

　全身に金属光沢を持ち、柄模様と写り墨を持つ品種を"光り写り"と呼び、代表品種として昭和三色の光りもの"金昭和"、白写りの光りもの"銀白写り"、黄写りの光りもの"金黄写り"が存在します。いずれの品種も体色のみならず胸鰭・各鰭にプラチナ光沢が見られ判別することができます。流通量はさほど多くありません。人気種である昭和三色・白写りの光りものであるため、横見での見応えが抜群であり、墨の仕上がりも他品種同様奥深さがあり、墨質の良い個体が多いです。水槽飼育下でもその仕上がりを堪能でき、月齢を重ねることで、より色彩を極めることができます。

金昭和。体型が良く、地肌のツヤがすばらしいです。墨と緋色、全身の光りが決まれば申し分ありません。黄金系と昭和三色の魅力が詰まった品種

錦鯉の品種 ● 光り写り

ドイツ金昭和。ドイツ鯉特有のなめらかさが加わり、全身の金属光沢もいっそう強く、和鯉とはあきらかに違う雰囲気です。墨の出方でさらに良魚となる昭和三色の可能性を秘めた個体

金昭和。当歳魚でありながら、金属光沢・墨の不思議にこの品種のすばらしさを感じます

錦鯉
Nishikigoi

銀松葉（同魚）。若魚であるものの、艶やかな銀色の体に背側の鱗一枚一枚にある松葉網目が単色では表現できない渋さで彩られています

光り無地

ひかりむじ

HIKARIMUJI

　黄金色・プラチナ色をベースに全身に柄がなく、各鰭・体全体が光り輝き水中に生きる魚とは思えない美鱗と体色を持つ品種群。単純な色とも思われがちですが、複数の個体を見ていくと、驚くほど発色に差があり、他品種と比べ模様がない分、鱗の並び・シミ・体型にも目が行き、良魚を仕上げるとなると他品種にはないこだわりが出てきます。嬉しいことに生産数も多く、比較的安価に入手することができる品種です。また、単色でありながら、鱗の中心が山吹色に仕上がる"山吹黄金"、鱗の中心にサビ（黒色）の入る"松葉黄金" "昔黄金" "銀松葉"など豪華さの中に渋さを併せ持つ品種も含まれています。水槽横見の鑑賞であっても、LEDとの相性も良く、鼻先から尾先までみごとに光り輝く個体を幾度となく見かけたことがあります。小さいままであっても他品種同様、色の深まりの変化を十分に見せてくれます。

山吹黄金。発色が始まりよく見ると、ヒゲまでも黄金色に染まり始めています。頭部から体全体にもうっすらと山吹色が色づきつつあります

錦鯉の品種 ● 光り無地

山吹黄金。大きさはそれほど変化なく、3年ほど飼育を続けている個体。
発色が進み、みごとな山吹色を呈しています

オレンジ黄金。がっちりとした体型にみごとな発色。
各鰭も非常に美しくつややかで鱗一枚一枚の細部を見渡しても見飽きません

錦鯉
Nishikigoi

上見との差がこれほどある品種もいないほど横見のインパクトがあります。肩口の青色がさらに他品種にはない色彩。体型、緋色共に驚かされる配色です

秋 翠

しゅうすい
S H U S U I

　青色を基調とした鮮やかな海水魚のような色素を持ち、ドイツ鯉の長所である柄のキワの良さに加え、濃橙色・緋色の配色美がすばらしい品種。先述のとおりドイツ鯉が日本に持ち込まれ、錦鯉と初めて掛け合わされて作出されました。系統図にもあるように、古くから親しまれています。上から眺めるともう一つの特徴が分かります。大きさの異なる鱗が背部に集まって尾部まで整然と並んでおり、ドイツ鯉の数少ない鱗を"食の利便性"から"鑑賞"へと変えた代表品種と言えます。①頭部にシミがない②背部の鱗も大きさが不均一であっても、配列が左右対称③腹側への模様のみではなく、背中側にも側線を境に緋色（濃橙色）が入る個体が良魚とされています。水槽飼育下であっても泳ぐ角度が変わるたびに、背中の鱗列美や体側のメリハリのある緋模様が楽しめることでしょう。実は、錦鯉は品種によりかなり性格に差がみられます。秋翠は、九紋竜と同様に少し臆病なところがあるので、水槽導入後、環境に慣れるまでは浮上性の餌を水槽水面まで食べに来られず、痩せてしまう傾向があります。浮上性の餌と混合して沈下性の飼料を与えてみるのも良法でしょう。

秋翠。上からの特徴

錦鯉の品種 ● 秋翠

ドイツ鯉特有のキワの良さが見られる1尾。細かな鱗の輝きにも目が行き、秋翠特有の肩から尾鰭にかけての一直線上の鱗を確認できます

鏡鯉とまではいかないものの大小の鱗が体側にも入り、淡水魚とは思えない雰囲気を醸し出しています

錦鯉
Nishikigoi

浅黄（同魚）。頬より鮮やかな濃橙色が尾鰭まで続いています。側線鱗より背側の淡青色の色合い・上下の配色もすばらしいです。若魚であっても覆輪がしっかりと確認でき、鱗が浮き出ています

浅　黄

あさぎ
A S A G I

　彫刻品のような鱗と淡青色の肌地、鮮烈な濃橙色のツートンカラー。とても現在の錦鯉の原点とも言える魚とは思えない配色の持ち主です。原種に近いせいか、他品種に比べ丈夫さを感じます。鱗の並び一枚一枚が浮いて見えるほど、網目状に鱗の中心の品のあるグレーが織り成すさまは芸術品そのもの。浅黄には"鳴海浅黄（淡青色）"と"紺青浅黄（青黒色）"がありますが、現在、流通のほとんどは鳴海浅黄タイプ。横見の場合は、頬から尾鰭にかけて入る濃橙色がきれいにツートンになり、一直線に入る個体のほうが見栄えが良いでしょう。しかしながら、購入時あまり発色の良くない個体であっても、序々に色付き始めます。背鰭に入る橙色もポイントになり非常に美しいです。品評会でも人気の高い品種。

浅黄（同魚）。胸鰭にわずかな橙色が確認できますが、体にはいっさい緋のないタイプ。将来的に緋が少ないままの個体も存在します。背側の鱗の雰囲気はまるで彫刻品のようでみごとに整然としています

錦鯉の品種 ● 浅黄／べっ甲

少ない墨でありながら品を感じさせるのは、大正三色の資質を持っているからでしょうか。高水温時に撮影した影響で墨質は悪く見えますが、水温が落ち着くと同時に墨質も上がりさらに上品な印象に。横見でもすばらしい体型

べっ甲

べっこう

BEKKO

白地・赤地・黄地の肌に、ツヤのある墨を肩から尾部にかけて少量ずつ垂らした、大正三色の緋盤のない表現を元とした上品な品種で、白写りのような豪快な墨は頭部から入りません。名の由来は装飾品やメガネ・櫛などに使用されてきたべっ甲細工のツヤ・柄模様に似ていることから。大正三色の生産の際に、兄弟に"白べっ甲""赤べっ甲"、ごく少数の"黄べっ甲"が生まれるあたりも興味深いです。べっ甲と呼ばれる品種では、白べっ甲が品評会においても代表品種であり、黄べっ甲は稀少で見かける機会が極端に少ないです。

ドイツべっ甲。ドイツ鯉鎧タイプの不規則な鱗が体側に多数散在するタイプ。白べっ甲とはかなり雰囲気が変わります。大正三色特有の線上の胸鰭の墨も確認できます

錦鯉
Nishikigoi

緋写り。緋写り同士から生まれた個体。腹側まで緋色が巻き、墨も豪快で、体格も良く将来性があります。通常は昭和三色の作出過程で緋写りが生産され、腹側の白い個体が多いです

緋写り・黄写り
ひうつり・きうつり
HIUTSURI・KIUTSURI

　緋写りは、①緋色を肌地に持つ②頭部から尾止めにかけて連続した濃い墨がある③胸鰭・尾鰭の先まで墨が入る④腹の下側まで緋が巻き腹が白くないものを良魚とします。昭和三色の生産の際に生まれてくる品種ですが、良い緋写りの親同士から生まれた個体は特に腹下までみごとに緋色が巻きます。しかしながら、生産者・生産量は少なく、希少価値が高い品種です。腹まで緋色が乗り、両手鰭に墨のある緋写りの横見の迫力は他の品種にも全く引けを取らず、加えて体高・体格の良くなる個体も多いです。やはり5年ほどは墨の変化があり、色揚げ効果の高い餌を併用することで、緋色もさらに驚くほど濃く仕上がります。一方、特に生産量の少ない黄写りは落ち着いた黄色の肌地をベースとして、白写り・緋写り同様に頭部より墨が入ると同時に、墨質がややツヤのない渋めの墨をしておりあきらかに雰囲気も異なって独特の趣があります。黄写りも黄写り同士の交配であれば肌地の黄色が濃くなります。白・緋・黄写りをコレクションして混泳させるのも非常におもしろいでしょう。

緋写り。一度飛び出してしまい鰭などは回復したものの、ストレスのせいか地肌の色が褪めてしまいました

錦鯉の品種 ● 緋写り・黄写り

緋写り。小さいながらも地肌の発色が良い個体。
緋写り同士の交配ではありませんが、腹側の発色も水槽飼育には重要であり、個体選びのポイントにしたいところ

黄写り。本品種としては墨の発色が非常に良い状態。
環境が良く体調が良ければ、なべ墨質でもはっきりとした墨模様となることも

黄写り。本品種らしさが滲み出た渋さが際立ちます。艶のない墨もまた趣があります。
生産量は少ないですが熱いファンがいることも頷けます

水槽で楽しむ 錦鯉・金魚　059

錦鯉
Nishikigoi

からし鯉。アルビノ和鯉タイプ。各鰭のバランスが非常に美しく、鱗の並びもみごと。成長につれ名の由来とおり芥子色が増してきます。性格が良く、人に慣れやすいです。ドイツ鯉タイプ、ブドウ目も存在します

無 地

むじ
M U J I

　光り無地を除く、一色の無地鯉の総称。"紅鯉""烏鯉""空鯉""からし鯉"などが代表種。一色の錦鯉ですが色彩による個性は侮れません。また、無地鯉は体型・鱗・各鰭軟条までに注意が及び、安価に手に入れやすい反面、購入の際はどの個体にするかなかなか決められないものです。単色の鯉は丈夫な品種が多く、混泳の際は不思議と他品種を引立ててくれます。野生美の迫力を感じる個体が多く、派手さには欠けますが、魚好きには人気が高く、品評会においても"無地"が出品鯉の種別で設けられたり、特別賞で評価されることもたびたびあります。

空鯉。明るめの地肌のタイプ。鱗の欠け、地肌の傷もなくテリも良い個体。同じ空鯉であってもカラーの違いが見られます。シンプルが故にていねいに育て上げたいです

錦鯉の品種 ● 無地

赤松葉。落ち着いた赤発色の地肌に、背側の縁どられ始めている鱗が印象的。将来、網目状に鱗が浮き出ると品種としての雰囲気が増すでしょう。体型もすばらしい良魚

黄松葉。地肌が赤松葉とはかなり異なる、落ち着いた黄色がベース。同じく背側の鱗の中心部分が色づき始めています。珍しさもあり、コレクションしたい品種

紅鯉。本品種を御三家・他品種と混泳させている愛好家も非常に多いです。シンプルな紅一色ですが、他品種を圧倒するほどの蛍光緋色の発色を見せる個体も多いです

黄鯉。体型・発色・各鰭の美しさを横見で堪能できる美しさを持っています。これだけ黄色の発色がすばらしければ、他品種に引けを取りません

茶鯉。茶色の艶が実に美しく、鱗の並びもみごと。野生美さえも感じられます

会場風景

錦鯉品評会に出かけてみよう！

世界各地からの出品数が年々増加している国際品評会の一つであり、水槽飼育サイズの錦鯉の出品で競われる「第4回国際錦鯉幼魚品評会／全日本錦鯉振興会新潟地区主催」を取材しました。読者の方々にもぜひ足を運んでもらいたいのが品評会です。実際に良魚を見たり、錦鯉の関係者とのお話や地方（今回は新潟県長岡市）に触れる小旅行のようなわくわくした気持ちをお届けします。

　毎年、30〜40回ほどの錦鯉の品評会がさまざまな規模で日本各地において行われています。今回紹介する「国際錦鯉幼魚品評会」を見に出かけた際に、その驚きの開催数を知ることになりました。敷居が高いと思われがちな錦鯉の世界ではありますが、品評会自体は入場料も無料で受賞した錦鯉の見学も一般開放されています。錦鯉に熱烈な愛好家から、家族連れまでと来場者の幅も広く、気軽に楽しむことができます。会場には円形状のプールが多数設置され、種別、受賞内容が掲示されていました。

　なお、開催場所や日時の案内が専門業界誌・錦鯉専門店でのアナウンスが中心のため、情報収集の際は、全日本錦鯉振興会にも問い合せてご確認ください。今回は36cm以下の品評会のため、水槽飼育サイズでも出品できるところに夢があります。自分の飼育している観賞魚（ペット）を審査・評価してもらえる機会は他のペットにはなかなかありません。

募集要項（一部）。出品の際はルールがあるので、それぞれの品評会の詳細を全日本錦鯉振興会・錦鯉専門店で確認します。錦鯉の知識も深まり、情報交換もできるので、一度は出品してみてはいかがでしょうか

COLUMN

表彰式の様子

「五人つき」の餅つきが会場で行われ、無料で来場者、出品者、品評会関係者に振舞われました。想像を超えるなめらかさと、歯切れの良いおいしい餅を頂きました。五人で杵を持った息の合った餅つきは、会場をさらに盛り上げており、米どころ新潟を肌で感じることができました

生産者による即売所。新潟の有名生産者の錦鯉の即売も同会場で行われ、熱意のこもった、生産者のお話も聞くことができました

大正三色。受賞した錦鯉のすばらしさに時間を忘れてしまうほど。どの錦鯉も小さいながらに将来性を感じます（ジュニアの部総合優勝）

紅輝黒竜。今回初の御三家以外からの大会総合優勝。品評会史上に歴史を残す受賞でした。品評会では御三家の錦鯉が圧倒的に強く、上位の賞を受賞することが品評会では定石だったからです

出品者自慢の錦鯉展示コーナーが会場に併設されていました。今回の錦鯉品評会は幼鯉対象（36cm以下）であったため、一流の迫力サイズの錦鯉を手の届く距離で見学できたことも非常に良かったです

水槽で楽しむ 錦鯉・金魚

錦鯉飼育編
Keep the Nishikigoi in aquarium

錦鯉を水槽で飼育する

上部フィルター

使用した底砂

給餌は小さじスプーンでかるく1杯

DATA

水槽サイズ	60×45×45cm（約100ℓ）
濾過器	上部フィルター×2台
濾　材	ウール、濾材、活性炭、カキ殻
底　砂	田砂と大磯Sのミックス
換　水	2週間に一度半分ほど交換
照　明	蛍光灯を一日6時間照射
餌の種類	2種類（姫ひかりと咲ひかり金魚）
給餌ペース	一日1回がほとんど（稀に2回）。小さじのスプーンでかるく1杯
水　温	冬季15℃、春〜秋は常温20℃〜32℃で約4年経過

　錦鯉は、水量・水深・飼育密度・餌といった飼育環境で大きさ（成長速度）が変わる魚です。質の良い多種多様な品種の錦鯉が国内で作出される現在、もっと手軽に飼育を楽しみたいファンは非常に多いです。私も3年ほど前から本格的に水槽飼育について取り組み始め、信じられない小さいサイズのたくさんの錦鯉を目のあたりにしてきまし

た。写真は、実際に60×45×45cm水槽で飼育している錦鯉で、まもなく4年が経過するところです。ひと回り小さい錦鯉は全長が6〜8cmほどしかなく、明け4歳。逆に、大きなほうの3品種（ドイツ昭和・ドイツ緋写り・大正三色）は15〜18cmで明け2歳。そして、銀鱗紅白、五色は明け3歳と、年齢に比例した大きさでないことが衝撃的。全ての錦鯉が非常に元気で調子が良く、また、小さいなりにも体型が美しく崩れていません。それどころか、年数を重ねるたびに色彩が際立ち、山吹黄金は山吹色に、銀松葉・金松葉・孔雀の色の深みは増し、プラチナ銀鱗は輝きが引き立っています。さらに難しいとされる墨の変化までも水槽飼育で楽しむことができているのです。

本編では、実際に水槽飼育を始めるにあたっての飼育手順を飼育用品を交えながら紹介していきます。より実践的に、具体的な水槽飼育例を紹介しつつ、餌や導入方法、メンテナンスといった各論も織り交ぜて話を進めます。ひととおり読んで頂くと錦鯉の水槽飼育にまつわる知識全体を把握しやすいかと思います。

本来上見主体で作出される錦鯉ですが、この写真からも分かるように水槽（横見）であってもさまざまなアングルを見せてくれます。住宅事情で池を作ることができない、広いスペースをとることができない人でも、本書が錦鯉の水槽飼育の扉を開くきっかけになれば幸いです。

錦鯉水槽飼育 ❶
90×45×45cm
水槽で錦鯉を飼う

使用する水槽が決まったら、まずは錦鯉を迎え入れるための準備です。セッティングから順に紹介していきます。

① バックスクリーンを貼る

たくさんの種類のバックスクリーンがアクアショップなどで発売されていますが、貼りかたの違いでおおきく2種類に大別されます。水槽背面外側から四方をテープ止めする方法が1つ、もう一方はカッティングシート状（車のスモークと同じ原理）になっており、薄めた中性洗剤で霧吹きをし、ゴムベラを使い空気を追い出しながら貼るというもの。90×45×45cm水槽は規格品水槽になるため、すでにカット済みの商品が多く、実際に貼ってみるとそれほど難しくはありません。使いたい色を決めたら、水槽を設置する前に、水槽の背面部をきれいに拭いてから貼り付けましょう。設置場所が壁面に面していることが多いことと、水を入れてからでは重たくなってしまうので、移動が困難になるからです。

カッティングシートタイプのバックスクリーン

テープ止めタイプのバックスクリーン

② 底砂利

観賞魚用の砂利は各メーカーより販売されていますが、底砂を口の中に入れるという錦鯉の特性を考慮すると、角の丸い砂利が適しています。必ずしも底砂利を入れる必要はありませんが、砂利を敷くことで錦鯉の色彩に影響が出てきます。色が濃く汚れの目立たないものを選択して、小分けにしてよく洗ってから使いましょう。一般的な観賞魚飼育よりも少なめでかまいません。今回は和柄の映える「礫」という商品を選び、Sサイズ10kg、Mサイズ5kgをブレンドし、自然感を引き立たせてみました。

礫Mサイズ／礫Sサイズ／小分けにして濁りが取れるまで洗います

③ 設置場所を決め、キャビネットを組立てる

90cm水槽は水を入れると200kgほどになります。今回は部屋の隅の壁側を設置場所としてみました。外光は水槽内のガラス壁面のコケを増やすため、直接光が当たる場所はできれば避けたほうが良いです。キャビネットは専用の製品が各メーカーより販売され、ほとんどがドライバー1本で組立てられるものです。このサイズは特に専用台を使用したほうが良いでしょう。バックスクリーンを事前に貼付けることを忘れずにしてください。

④ 砂利を水槽へ

水槽は内面を濡れたタオルでひととおり拭き、汚れを取ります。あらかじめきれいに洗った砂利を、砂利スコップを利用して水槽内へゆっくりと入れていきます。今回はSサイズを先に入れて平らにした後、Mサイズを順次入れていきならします。石組みのレイアウトにするため、中央部分は少し砂利を多めにしました。

⑤ レイアウトをする

錦鯉の水槽飼育ではやや一般的でないかもしれませんが、あえて石組みのレイアウトを紹介します。和風な雰囲気を持つ岩と底砂を使用することで錦鯉が引き立ちますが、岩や石で錦鯉が傷つく可能性があることも覚えておきましょう。石組みのレイアウトをするのには条件があります。錦鯉が小さく魚に対して水槽が広いこと。収容尾数を多めに導入し、突発的に暴れてしまうことを可能なかぎり起こさないようにすることなどが挙げられます。また、石・岩共にあまりにもざらざらした質感のものは避けます。川底などにある丸石などは傷つくリスクも少なく、レイアウト素材としてはお勧め。熱帯魚店でもかなりの種類の飾り石が販売されているので、気に入ったものを選びましょう。餌の量や収容尾数により、成長を調整して3年間ほど石組みで飼育を続けていますが、何ら問題なく飼育ができています。今回は隙間をなくして飼育をスタートすることにしました。他サイズの水槽でも紹介しますが、水草は相性が悪く、悪戯されてしまいレイアウト素材としては向きません。部屋に設置し横見で眺めるために、インテリアとしてのレイアウトにもぜひともこだわりたいものです。

⑥ 外部式パワーフィルターの準備

外部式パワーフィルターは水槽より下に設置して使用する濾過器です。キャビネット内にも収容でき、すっきりした外観で錦鯉飼育が楽しめます。どの製品も購入してすぐにセットできるよう、本体・バスケット・濾過材・吸水排水パイプ・ホースなどがセットになっている場合が多いですが、濾材は大きめのリング形状へ変更し、サンゴ石を下の写真のように別途追加し、各コンテナへ入れ分けたほうがベター。全て水道水で水洗いをした後、本体に装填します。リングは大きめのほうが目詰まりがしにくく、サンゴ石・カキ殻は排泄の多い錦鯉の水の酸化を防ぐのに有効で、不可欠なアイテムです。排水パイプにディフューザーを取り付けることで、細かなエアーを水槽内に取り込むことができ、エアー用のチューブなど美観を損なう他のものを使用しなくても多くの酸素を確保できるようになります。吸水パイプストレーナーには、ゴミを直接吸い込まないように、別途吸水カバースポンジを取り付けます。濾過器本体には、目に見えるような大きなゴミを吸い込ませないほうが良い水を維持しやすいです。その分、スポンジ部分は目詰まりがあるので注意が必要。フィルター内が汚れにくくなる代わりに、スポンジのメンテナンスは排水量などを常時確認してまめに行います。

外部式フィルター一式

濾材

排水パイプ

吸水カバースポンジ

キャビネット内に収容できるのも利点

⑦ 電源の確保・設置位置

　この90cm水槽には、外部式パワーフィルター×2、サーモスタット＆ヒーター、照明（LEDライト）を使用するため、計4個の電源の確保が必要となります。OAタップなど家電用品店などで簡単に購入できるので、4個口以上で個々にON・OFFスイッチの付いたものを選ぶと非常にメンテナンスも便利で安全。わかりやすいように、写真ではキャビネット内の奥下にセットしてありますが、水濡れなどの危険性も考えると背面や側面に両面テープなどで固定するのが望ましいです。プラグはキャビネット内に配管用の穴が各社製品で用意してあります。取り回しは心配なく、目立たなくきれいにコードも収まるはずです。

⑨ 濾過器は2台以上の取付がお勧め

　錦鯉飼育の重要なポイントの一つが、濾過器の複数台使用です。この水槽ではエアーポンプなどを使わない代わりに、外部式パワーフィルターを2台使用しました。水槽内への設置も同じ側であればすっきりまとめられ美観を損ねず、水槽全体にくまなく水流の確保が可能。また、最大のメリットは1台を吸水のスポンジの掃除に留め、もう1台を丸洗いできること。片方ずつ洗浄をするため、水をつくるために必須であるバクテリアの激減がなく、飼育水のトラブルも回避できるわけです。丸洗いの際は細目の白ウールの交換とサンゴ石を新しいものに交換し、濾材は水でよく洗って6～12カ月を目処に交換するのがお勧め。こうすることで2台のフィルターを同時に丸洗いすることを避けることができ、万一のフィルタートラブルが起こっても複数台を使用していればリスクを回避できることになります。

同じ側なら外観もすっきり

⑧ 外部式パワーフィルターの配管
　　（ホースの取り付け）を行う

　濾材を入れた本体と排水・吸水のパイプをホースで繋ぎます。本体からはホース接続用のタップがあり、排水・吸水を間違えないように、取付けていきます。ホースはハサミでカットし、少し余裕のある程度の長さとします。この時、本体には水を入れないこと。各製品で立上げのための呼び水の仕方があるので、それに従ってポンプを作動させます。サイフォンの原理を利用して密閉された本体の空気を水で追い出し、水でフィルターケース内が満たされた状態で運転し濾過するのが外部式パワーフィルターの一般原理。水槽より下に設置するか、水槽の水位とフィルター本体の底面で高低差を出すことで、運転・濾過が可能となります。

⑩ 水槽に水を入れる

　水槽の設置場所の確認を再度行い、いよいよ水を注いでいきます。90cm水槽の場合、水を入れたり水換えの際の排水がホースで行えるとよりスムーズ。ホームセンターなどでホースを接続するパーツがいろいろと販売されているので、ぜひとも活用してみてください。また、季節にもよりますが、混合栓であれば水温調節も可能なのでさらに便利です。

⑪ ヒーターの準備

　ヒーターがなくてもよほどの寒冷地などでないかぎり通年常温で飼育可能な錦鯉ですが、当歳の場合や温度変化が5℃以上ある季節・設置場所の場合はお勧めしたいです。導入時は購入店に近い水温にしたほうが良いし、生産者の違う錦鯉を混ぜて飼育する際に水温を上げて、粗塩を入れると調子を落としにくいため、温度調整が行えると利点が多いです。また、季節により水温調節する目的は、水槽内という限られた水量環境であるため、一日の水温変化をできるだけ少なくすることにあります。冬季であっても水温を20℃以上に保っていれば、餌を与えても問題ありません。

　ヒーターは、主に3種類が販売されています。❶水温固定式のオートヒーター、❷サーモスタット（温度を制御する器具）とヒーター（加温する器具）一体型、❸サーモスタット＋ヒーターのセパレート型です。90cm水槽では❸を選択します（他の2タイプは小型水槽向け）。今回使用しているのも❸のタイプで、温度を感知するセンサー部分が別にあり、300Wまでのヒーターを差し替え使用が可能な製品です。水温もダイヤルで簡単に調節できます。本水槽クラスの水量の一般的なヒーターW数は300W。近年では安全基準も上がり、魚が火傷しないようにカバー付き製品が販売され、縦横設置を問わないものや耐久性がより増したもの、さらに大きな水槽に対応できるW数の商品が販売されているので水槽に合わせて選ぶことができます。今回は、吸水部分側にセンサー部分とヒーター部分を設置してすっきりと収めました。センサーの設置場所としては、水の循環がありヒーターと近すぎず、直上でない位置にあることが大切です。

設置場所の例

センサー
サーモスタット＋ヒーターのセパレート型

⑫ カルキ抜きをして水温計を取り付ける

　各社より販売されている、カルキ抜き製品や体表保護剤などは水量により使用の分量が決められています。カルキ（塩素）はフィルターを稼働していれば一日ほどで自然になくなります。これまでの事前準備を済ませてから1週間前後で錦鯉の購入・導入するのがお勧め。水槽用品、砂利などを含む全てが新品の場合、当初の水槽水を50%ずつ日にちを変え2回ほど交換したほうが透明な飼育水が早くできることが多々あるからです。少々面倒かもしれませんが、濁りがある場合は錦鯉が導入されてからよりも対処がより容易に行えます。また、水温計を設置し水温の把握も導入前、水換え練習をしながら行っておくと良いでしょう。

今回の水槽の水量計算について

おおまかに水槽外寸で、90×45×45(cm) = 182250(ml) = 182(ℓ)。ガラスの厚さ10mm、水位を考慮し内寸法で計算し、フィルターケース内の水を加味すると、88×43×40(cm) = 151360(ml) = 151(ℓ)。※1ℓ= 1000ml フィルターケース×2で10ℓほど砂利などの体積分を差し引いて、150ℓ分のコンディショナーやバクテリアを使用すれば良いです。

錦鯉飼育編 ● 錦鯉を水槽で飼育する

⑬ バクテリアを投入して水づくりを促す

　ある程度水が澄んできたら、錦鯉導入前にバクテリアを投入します。1日以上フィルターを回した後、もしくはカルキ抜きを使用した後に規定量のバクテリアを入れます。バクテリア自体も微生物なので塩素には注意。

⑭ 錦鯉の購入・導入

　いよいよ錦鯉の導入です。今回は当歳の昭和三色を15尾導入することにしました。大きさも12cm程度であまりサイズ差がなく水温も26℃と高めに設定。少し大きくなっても余裕がある尾数で、このサイズであれば20尾でも問題ありません。購入先では、錦鯉を酸素詰めにして渡してくれますが、持ち帰る間、温度の差と半日を超える長時間の移動は避けたいところです。輸送が長時間となる場合は、事前に購入先に相談をすると良いでしょう。餌抜きが2、3日しっかりしていれば、丸一日の輸送にも耐えられるからです。餌を食べた直後の錦鯉は輸送途中で排泄をして袋内の水が汚れてしまい、調子を崩してしまうこともあります。

　持ち帰ったら、酸素詰めされた袋の状態のまま水槽へ浮かべます。季節にもよりますが20～30分浮かべて水槽の水温と袋内の水温を合わせます。長時間の輸送の際に水槽との温度差があまりにも生じた場合は、水槽に浮かべる前に水槽の水温よりも差のない室内に30分～1時間放置した後、水槽に浮かべると良いでしょう。冬季にはかなりの水温差が生じるため、段階を経て水温合わせしたほうが錦鯉にも優しいです。また、販売店の環境と水槽の水温差がないほうが良いので、再度購入の際に水温確認をしておくとベター。

　錦鯉を導入する前に粗塩を水槽に入れるのも効果的です。お店ではよく粗塩を用いて、導入直後の錦鯉の調子が悪くならないように用いています。本水槽の場合、かるく握りこぶし2つ分ほどの量で様子を見て、調子が良ければ後の水換えで追加する必要はなく、逆にかゆがっていたり、ものに擦り付ける仕草が頻繁に見られる場合は、0.5～0.6％あたりまで塩分濃度を上げると同時に水温も28～30℃に上げて様子を見てください。導入がうまくいけば非常に丈夫な魚であるため、粗塩は予防線として常備すると良いでしょう。

　水温が馴染んできたら、袋内に水槽の水を何度か入れた後に水槽へ錦鯉を放っていきます。他の観賞魚に比べて慎重な水合わせは必要ではありませんが、水合わせもかるめ（数回水槽水を袋の中へ入れ1分前後したら錦鯉を水槽内へ）に行ってください。袋内の水に薬が入っている場合はできるだけ水が水槽内に入らないように錦鯉を水槽内へ導入し、錦鯉が飛び出さないよう気を付けて作業を行う必要があります。

あらかじめ水温確認しておきます

粗塩

飛び出しに注意

⑮ 蓋をしっかりとする

　水合わせが終了して錦鯉を水槽へ放ち終えたら必ず水槽の蓋をしておくこと。既製品の蓋の中には開口部が大きな形状が多いので、飛び跳ねる可能性のある魚種に対しては蓋を追加するか、隙間のないオーダーのガラス蓋を用意します。特に導入直後の錦鯉は驚き、飛び跳ねてしまう事故が多いです。今回は45cm水槽用のガラス蓋を奥行方向で2枚追加することで、ある程度のウエイトを確保し飛び跳ねるおそれのある箇所を塞ぎました。また、LEDライトに水が飛散しないようにすることも大切です。

⑯ 導入直後の確認と導入直後の錦鯉を慣らすコツ

　錦鯉の導入が全て終了したら、フィルターの運転状態、ヒーターの設定・水温、蓋、コンセントを再確認をします。導入直後は錦鯉も水槽の環境に慣れていませんが、数日経過すると泳ぎかたが全く変わり、餌を欲しがって寄ってくるようになります。ここまでくれば、導入はうまくいったと言って良いでしょう。LEDライトの点灯時間ですが、8～10時間までとして、LEDライトが消える時にはまだ部屋のライトがついていたほうがよく、急に真っ暗にすることは避けます。また、餌を与える時が錦鯉との距離や信頼を得られる瞬間なので、規定の量よりも初めは少なく与えるのもコツ。警戒して浮上性の餌を食べにこない場合は、まず金魚用の沈下性の餌などを少量与えてから、浮上性の餌に切り替えても良いです。生まれた時から人と関わりがある錦鯉は、生活音への慣れや環境適応力が優れているので、最初に怖い思いをさせないように飼育を始めていけば、人の識別も早く驚くほど人馴れしてくれる魚です。生活環境の中心に錦鯉水槽を設置しても、全く問題なく飼育できるところも錦鯉の最大の魅力で、初心者にもお勧めできる理由なのです。

⑰ 餌の与えかた

　水槽にも慣れ、飼育水も順調に立ち上がってきたら餌を序々に増やしていくことになります。この餌のやりかた次第で、成長・発色・飼育管理のしやすさがずいぶんと変わるため、餌やりは楽しい時間であると同時にとても奥が深く、重要な世話です。現在は餌の品質も格段に良くなり、水槽飼育用の錦鯉の餌も販売され、発色・体型崩れの防止に高い効果を出しています。以下で、水槽飼育で実践している方法を紹介します。健康上・体型も崩さず、水槽に合った大きさで飼育することがより簡単になりました。

- 水槽の大きさで成長は大きく変化します、餌の量は一日2回までを目安に
- 粒の小さな餌で、錦鯉全体に餌が行き渡るように意識すること
- 錦鯉を大きくしたくない場合は粒の大きさを小さいまま与え続け、回数や1度の量をあまり増やさないように
- 品種により性格が大きく異なるため、通常は浮上性を推奨しますが、食べられない臆病な錦鯉には沈下性も混ぜて与えます
- 痩せていないようなら、週に1度、餌休みの日を設けても良いです

- 冬季の間はヒーターで温度管理し、水温を20℃付近で飼育して一日1回少なめで与えます
- ヒーターを使用せず、水温が12℃以下になるような場合は、餌を週に2回ほど与えれば十分。15〜18℃であれば少量様子を見ながら与えます
- 痩せてくるようであれば、少ない量を3〜4回与える日をつくります
- 導入サイズが同じ場合は、均一に育つように意識します
- 飼育年数が経過すると成長が緩やかになるため、水槽飼育では成長期をいかにコントロールするかが大切
- 旅行などで餌が与えられない場合、長期の場合はオートフィーダー(自動給餌器)で一日1回与えるようにし、1週間以内であれば何も与えなくても問題ありません
- 12cm前後の錦鯉であれば2回の総量が5cc(小さじ1杯)目安に与え、体型・成長具合で増減することから餌量の調整を始めていきます

⑱ メンテナンス(水換え・掃除)

導入からおよそ10日後あたりから水槽内に汚れやコケが見られるようになります。その後は、汚れ具合・水温にもよりますが1〜2週間に一度メンテナンスを行う必要があります。設置位置の場所や収容尾数、残餌などにも大きく左右されるため、できるだけきれいなうちに水換え・掃除をしたいところです。汚れがひどくなれば次回汚れるのも早くなり、結局は掃除がたいへんになってしまうからです。水換えがうまくいくと、錦鯉は非常に喜び、動き・色彩までも良いほうへ変わります。環境を整えること・維持することが錦鯉の水槽飼育において最重要項目です。メンテナンスにはポイントがあり、過度な掃除も良くないので、いかに楽にきれいにできるかを紹介します。

1) スポンジで壁面のぬめり、コケ汚れを除去

メラミンスポンジを使用すると、非常に楽に汚れを取ることができます。メラミンスポンジの特徴である、汚れを保持してくれるところが非常に良く、スポンジが汚れた時に水道水を入れたバケツを用意しておき汚れを洗い流すと効率良く掃除できます。錦鯉の水槽では、小型魚にはない独特のぬめり汚れと、コケ(茶ゴケ・緑色のガラス壁面に付くコケ)があり、水に汚れを溶かさないようにメラミンスポンジを使うことが大切です。

2) 水換え用具を使用して、砂利の中を中心に水換えを行う

水槽に底砂を敷く場合、汚れた残餌・糞が溜まる場所が砂利の中となるため、水換えを行う際、底から水を抜かないと意味がありません。プロホースが非常に使いやすくお勧め。筒状の中に砂利と共に入ってきた汚れを、排水のホースを開閉することで砂利よりもかるい汚れのみ水槽外へ取り出すことのできる画期的な掃除用品です。バケツで受けられるようにホルダーも付いていますが、先端部分が一般の水道ホースとコネクトできるようになっているのでホースで繋ぎ一気に排水までもっていければ、90cmの水槽の水換えもスピーディーに行うことが可能。約3分の1〜多くて2分の1までの水を汚れと共に抜き出します。石組みの岩に汚れが付いている場合は水槽外へ取り出し、たわしなどでしっかり洗い流して水槽内へ戻すと良いでしょう。

プロホースでの掃除

3) 外部式パワーフィルターのメンテナンス

この水槽では2台の外部式パワーフィルターを使用し、吸水部分にスポンジを取り付けているので、スポンジ部分を2個ともよく水洗いをします。スポンジを洗っても流量減が改善されない場合は、フィルターケース内のスポンジの交換が必要となりますが、1〜2カ月はほとんどの場合、掃除を吸水スポンジのみの洗浄でまかなえます。

それ以降は、中長期間隔で、フィルターケース内のスポンジ、濾材の洗浄、サンゴ・カキ殻の交換を片方ずつ行い、ホースの内壁の汚れや、ディフューザーの先端汚れ(汚れが目立つ場合でも流量の低下が起こることがあるので、その際は洗浄もしくは交換します)を除去します。最後に、同水温近くの水道水へカルキ抜きを入れ、足し水をして元の水量に戻して終了です。

錦鯉 Nishikigoi

錦鯉水槽飼育 ❷
60×30×36cm
水槽で錦鯉を飼う

最も量産されている60×30×36cm水槽の飼育セットは各メーカーからリリースされるポピュラーなサイズです。同じく順を追って紹介していきます。

① キャビネットを組立てバックスクリーンを貼る

各パーツの品揃えやオプションも充実したサイズです。専用のキャビネットはさまざまな製品が店頭に並んでいます。なお、この水槽の水量は約57ℓ。水とガラス水槽の重さ、砂利の重さを合わせると実に70〜80kg。キャビネットの組み立ては非常に簡単で、ドライバー1本で可能です。また、2段台も広く普及しています。豊富な種類のバックスクリーンが入手できますが、今回はテープで簡単に貼れる和柄の製品を使用して、錦鯉の和の雰囲気を引き出してみました。四方をテープ止めし、上からも横からも水の浸入がないようていねいに貼り付けます。

② 上部フィルターのセット

60cm水槽セットによく付属されているのが上部フィルターです。名前のとおり水槽の上部分に設置できる濾過器で、メンテナンス性に優れ、濾過能力も長けています。また、上部フィルター用の粗目ウール・細目ウール・濾材もセットされている場合が多いです。さらに、活性炭・カキ殻パックを加えれば濾過能力はさらにアップします。水道水でウールは押洗い、活性炭・カキ殻、フィルター部品は水洗いしてから写真のように重ねます。上から汚れた水が落ちてくるのでまず粗目のウールで受け、その下の細目のウールでさらに濾し取り、濾材などに直接かからないようにセットすることがポイント。今回の上部フィルターはさらに吸込口までのパイプを短くできるため、水槽コーナーのデッドスペースが少なく、錦鯉の傷のトラブルも少ないのが嬉しい商品です。

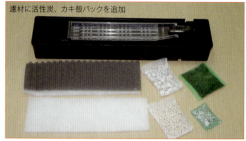

濾材に活性炭、カキ殻パックを追加

濾材のセット

パイプを短くすることが可能

デッドスペースが少ないのが利点

③ 砂利を洗い水槽へ

観賞魚飼育で昔から多く利用されてきた大磯砂を使用しました。錦鯉飼育にも適している砂です。他の砂利同様、濁りが取れるまでよく洗います。和の印象があり、角も丸く、鯉の口の中を傷つけません。今回は一般的な量である10kg細目を水槽底面へ敷きました。

④ 2つめのフィルターの設置

　錦鯉水槽飼育のポイントである2つめのフィルターを設置します。エアーのみでも溶存酸素の確保に効果はありますが、やはり小さくても濾過付きのほうが水質を安定させることができます。エアーポンプとチューブを繋ぐだけで簡単に取り付けられますが、水槽水面より低い位置にポンプを設置する場合は、エアーポンプに逆流防止弁を取り付けます。チューブ用のキスゴムを使うとすっきり取り付けられます。また、フィルター部分よりエアーが出るので、エア―噛みを防ぐ目的で上部フィルターの吸水側ではなく、吐出側の下部へ設置すると良いでしょう。

エアーポンプに逆流防止弁を

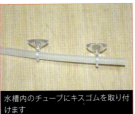
水槽内のチューブにキスゴムを取り付けます

⑤ ガラス蓋・ヒーターも付属されていることがほとんど

　ガラス蓋は上部フィルターを置いた状態で空いた前面側のスペースにぴったり収まる寸法になっています。魚の飛び跳ねと、水槽枠があるため水跳ねも軽減されます。一部分カットされているものが多いので、サイズに見合った正方形の透明なガラスまたはプラスチック板で塞げばなお安心。オートヒーターが付属されていることの多いこのセット。水槽底面横に（砂利には触れないよう）設置すれば、水温を26℃付近に保ってくれる便利な保温器具です。錦鯉の水温としては少し高いですが、色飛びや病気も少なく実際に利用されています。墨が薄くなることがあるため、気になる時は水温を調節できる、可変式のタイプを使用してください。また、安全のためヒーターは必ず水中でのみの通電とします。

蓋の隙間を塞ぐように

オートヒーターの取り付け

⑥ 電源の確保

　今回の60cm規格セットに用いる電源数は、LEDライト・上部フィルター・エアーポンプ・ヒーターの4つ。4個口のOAタップをキャビネット内に両面テープで固定しました。

⑦ 水を入れる

　一般的なバケツを用いて水槽に水を足していき、上部フィルターの運転最低水位まで水を入れました。砂利が舞い上がらないように、水槽内で手に水を受けながら入れ、フィルターを稼働してからヒーターの電源をONにします。濁りがあまり見られなかったので、カルキ抜き・バクテリアを投入し水づくりを始めました。冬季の場合はあらかじめ25℃前後の水温またはお湯を足して近い温度にしておいたほうが、ヒーターの負担も少ないです。冷たい水のみで水槽の準備を行いヒーターを使用すると、ひと晩経っても水温が上昇しないことがあります。

⑧ 錦鯉の導入

　水温合わせのため、エアパッキングされた錦鯉を水槽に浮かべます。体積分の水槽水を減らし、3袋(計7尾)を浮かべました。生産者別で購入したので粗塩を投入し溶かしながら、かるく水合わせを行い、水槽内へ錦鯉を放ちます。

錦鯉
Nishikigoi

塩分濃度について

今回の導入では約0.5%になるように粗塩を用いています。計算方法は、

$$濃度(\%) = \frac{粗塩の重さg}{全体の重さg（飼育水全量＋粗塩）} \times 100$$

※飼育水1ℓ＝1000g

60cm規格水槽で用いる粗塩の重さは、約286gとなります。水量がtの場合は簡易的な計算でかまいません、水槽水量ℓでは、計算方法の飼育水全量＋粗塩の重さがポイント。粗塩は薬と違い副作用がなく、体表に付いた細菌・寄生虫の駆除、浸透圧の作用を持ち、代謝回復に貢献します。これは、錦鯉体内の塩分濃度に近づけることで、入荷直後のストレスの軽減にもひと役買っています。

生産者の違う錦鯉を同居させるリスク

販売水槽の時点で、異なる生産者の魚を同居させていればかなり問題は軽減されますが、年齢の違う錦鯉・生産者の違う錦鯉は、一緒の水槽に入るとかゆがったり、病気を引き起こすことがあります。リスクを減らすためそれぞれ調子の良い錦鯉を選ぶことはもちろんですが、いったん調子を悪くすると、回復に時間と薬が必要となります。予防として、ヒーター・粗塩を使用し、導入直後は餌も数日与えないほうが良く、問題がなければ次回の水換えで追塩せず濃度が薄まる方向で、水温も序々に低くしてもかまいません。同じ水槽に入れる初動が肝心です。

⑨ メンテナンスについて

水槽の水換え、コケ取り・ぬめり取りは1週間に3分の1程度～2分の1が望ましいです。コケ取りはメラミンスポンジを使用し、汚れを水槽内に拡散させないように。水換えはプロホースを使用して、砂利の中から残餌・汚物を取り除き、同じくらいの温度のカルキ抜き済みの水道水をバケツで加えれば良いでしょう。1～2カ月が経過すると、上部フィルターのウールと投げ込み式フィルターのカートリッジが汚れてくるので、水換えの時に交換します。なお、濾過器の掃除は1台ずつ行い、もう1台のフィルター洗浄は1週間以上空けることがポイント。また、当初入れた活性炭・カキ殻は使い捨て消耗品なので、1カ月前後に一度取り替えるのがお勧め。徳用パックで販売されているもので十分です。上部フィルターに付属されている最上部に設置する粗目のウールマットは、半年ほどは長持ちするので水洗いをした後、戻すだけで良いです。メンテナンスのコツは汚れ始めに対処することと、一度に全てを洗浄しないことが挙げられます。

粗めのウールマットは水洗いで

カートリッジの交換

ガラス面はメラミンスポンジでていねいにコケを拭き取ります

水換えはプロホースが便利

⑩ ライトの点灯時間と外光の影響

水槽飼育でよく受ける相談が、水槽のコケ発生のトラブルについて。ライトの点灯時間は、8～10時間ほどもあれば十分で、それ以上の時間を点灯する場合は、コケの繁殖を促してしまいます。また、設置場所で季節により外光の影響が大きく変わってきます。緑色のコケの類の大半は、錦鯉に悪影響を及ぼすものではありませんが、鑑賞上見苦しいものです。コケを抑制する商品も多数販売されています。濾過ケースに投入するだけで、コケの抑制に効果を示すものは手軽で便利。ここではより効果のある紫外線殺菌灯を簡単に取り付けできる商品を紹介します。常設の必要はなく、水の濁り（青水・着色水）の改善に驚きの効果を発揮する製品です。配管の途中などに取り付けるのではなく水槽に直接投入し電源を入れる簡単タイプ。症状が改善されたら取り出して保管をしておけばよいので、複数本の水槽ユーザーにはたいへん喜ばれています。なお、いずれの場合も、ある程度コケ掃除を行ってから、使用・取り付けを行います。ライトの点灯はコケの発生がひどい場合、旅行などで家を空ける場合などは、つけなくても問題はありません。普段のライトも不規則であれば、簡易のタイマー管理で点灯時間の管理をするのも良策です。

小型の紫外線殺菌灯

錦鯉水槽飼育 ❸
スリムな60×20×36cm 水槽でおしゃれに飼う

　場所を選ばず設置できるスリム水槽の人気が高まっています。小型の熱帯魚・メダカなどでの飼育例は多いですが、実際にスリム水槽を錦鯉飼育用にアレンジして、外観にもこだわってみました。

① 外観のアレンジ

　ベースはスリム水槽セットを使用しますが、今回はボトム木枠と水槽上部に帽子（キャノピー）を用意して、和室にも洋室にもマッチするように工作を加えました。構造はいたってシンプルなものの木の素材を使用することで、見ためが変わり、インテリア性が増します。部屋内で水槽飼育にお勧めで、生活空間に置いても美観を損ないません。それぞれの枠は木工細工でオイルステインで加工するかオーダーでメラミン加工をすると、水による影響を受けにくく、長く愛用できます。バックスクリーンも和柄にこだわり、水墨画のデザインを選択。60cm規格品水槽と貼り面のサイズが一緒のため、簡単にテープ止めで貼り付けることができます。

木枠の加工

バックスクリーン取り付け

テープ止め

② フィルター×2の設置

　スリム水槽セットによく付属されているフィルターは、外掛け式フィルターと呼ばれるタイプが多く、水槽背面にランドセルのように水槽の枠を利用して簡単に取付けられます。濾過槽内に収めるマットも付属しており、初心者にも簡単な使いやすい製品です。省スペースなもののカキ殻パックや濾材の追加も可能なので、濾過能力アップの意味でも使用がお勧め。2つめのフィルターには、水中式フィルターを使用しました。水中のコーナーにすっきりと設置ができ、濾過器内のカートリッジも簡単に清掃・交換が可能で、水流方向も変えられます。また、エアーを確保できるディフューザーやシャワーパイプも付属しているので、どちらかを利用して、溶存酸素の確保をすると良いです。これらは水道水で簡単に水洗いをしておきます。

外掛け式フィルター
2つめの濾過器（水中式フィルター）

カキ殻パックと濾材

③ 照明器具とヒーターの設置

　照明のLEDライトはワンサイズ小さな45cm・30cmサイズ用で十分に明るさを確保できるので、60cm用は不要。今回はキャノピーを載せるので、45cm以下でないと使用できません。水槽セットにはライト付き、ライトなしのタイプがあります。水温管理はオートヒーターにて行います。水量によって製品の選択が可能であるので、38ℓの今回の水槽であれば通常80Wオートヒーターの設置で問題なく使用できます。ここでは、カバー付きの縦横どちらでも設置可能なヒーターを選択しました。先述のとおり、設定温度が高すぎて色彩に影響がある場合などは、温度可変可能なサーモスタットとヒーターの一体型を選べば良いでしょう。水温計も忘れずに用意します。

Nishikigoi

④ 底砂利・レイアウト素材を決める

底砂利には、五色砂利を用意してみました。金魚の敷砂利で人気の高い五色砂利は角も丸く名前のとおり、色彩の華やかな砂利で和風な雰囲気を持ち、錦鯉にもよく似合います。濁りが取れるのに少々時間がかかるため、小分けにしてよく洗いましょう。今回は細目5kgを使っています。レイアウト素材には、ポンプ類をブラインドする役目として、人工水草・苔石・和風な天然石を用い、プチ日本庭園風のイメージに。前もって洗って用意しておいた外掛け式フィルター・水中フィルター・ヒーターを正面右隅に据付け電源を用意しました。

細め5kgの五色砂利

レイアウト素材

レイアウトと器具の設置

⑤ 水を入れ錦鯉を導入する

水槽に水を入れ、カルキ抜き、コンディショナー、バクテリアを投入して一日フィルターを稼働させた後、錦鯉を導入しました。今回は紅白・銀鱗五色の当歳魚7尾で飼育を開始することに。導入方法などは先述の方法と同じですが、水量が他水槽より少ないので導入時のパッキング袋の大きさ、粗塩の量の確認をします。袋内の水を水槽へ入れない場合、水槽水全体に対して相当量の水が失われるため、場合によっては袋を浮かべる際に抜いた水をバケツに一時保管するなどの処置をとると良いでしょう。

⑥ 飛跳ねしない工夫

スリム水槽に外掛け式フィルターが付属している場合、ガラス蓋が外掛け式フィルターの取り付け分、空いているので、塩ビ素材のものかガラスをカットして上面の空いている部分を塞ぐことが大切。今回はハサミでも加工できる厚さの塩ビ板の透明2mm厚(ホームセンターで入手可)を使用して、飛び跳ねしないよう上面部分を加工しました。

⑦ セットアップ完了

最後に、キャノピーを載せて完成。スリム水槽では、導入する錦鯉をできるかぎり小さな個体で選択されることをお勧めします。今回は10～12cmの当歳魚で、3年後で15cmサイズまでで飼育することを目標としています。

⑧ メンテナンスについて

先述のとおり、3分の1～2分の1の水換えを週に一度、底砂利中心の水換え、コケ取り、フィルターのカートリッジ交換を行います。両方のフィルターを同時に交換しないなど、他の水槽同様に行うことが重要ですが、より餌やりも重要になるので、生菌剤入りの汚れにくい餌を選択し、残り餌にも注意してください。

専用交換カートリッジ

錦鯉水槽飼育 ❹
小型水槽 50×24×29cm で手軽に錦鯉を飼う

　安価に販売されている小型水槽の飼育セットも、錦鯉飼育仕様に簡単に変更できます。これまで紹介してきたノウハウを押さえて、30ℓ以下の水槽で実際に錦鯉を飼う方法を紹介します。

① 水槽の設置場所を決め、バックスクリーンを貼る

　小型水槽であればあえて専用の水槽台の用意は必要ありません。カウンターテーブルやしっかりした台の上であれば設置可能です。しかし、長い間同じ場所に設置した場合に変形するおそれがあるので、載せる台の強度は確認が必要。また、水換えなどの作業の際はタオルを常に用意し、水濡れに対してもまめに拭いて対応すること。バックスクリーンは今回、黒を選んでみました。設置場所によってはバックスクリーンは不要で、パーテーションのように両側から観賞するのも楽しいです。

② 砂利を用意する

　今回の砂利はガーネットストーン。観賞魚用の底砂利では非常に目が細かく、均一で粒状になっており角も尖っていません。細かい目のわりに比重が重く、舞い上がらないという他にはない特性を持っている底砂です。よく水洗いをした後、水槽に薄く敷いていきます。比重が重いため4kg用意しました。

③ LEDライトの取り付け

　小型水槽には、枠のある水槽とオールガラスと呼ばれる枠なし水槽が販売されています。今回の小型水槽は白い枠付きのガラス水槽。小型LED照明の

クリップするための器具

クリップタイプを使用する場合、枠を挟めないことがあるので、専用の部品を使用すると小型LEDが設置可能となります。現在のLEDライトは小さくても十分に明るいものが多く、デザイン性も高い製品です。価格もずいぶん安定してきているので、錦鯉鑑賞のためにぜひ採用して頂きたいものです。今回の製品はスマートタッチタイプで輝度・照射角度に優れ、50cm幅もカバーできています。

スマートタッチタイプのLEDライト

Nishikigoi

④ フィルターを2台設置

　小型水槽であってもフィルターを2台設置しましょう。今回投げ込み式に使用するエアーポンプ「MUTE」は小型でトップクラスの静粛レベル。水槽側面に本体が取付けられ、置き場所にも困りません。両フィルター共に動作音が小さいので、生活空間に水槽があっても音が気になることもほぼないでしょう。2台取付ける利点は、先述の他サイズの水槽同様、メンテナンス性の向上と濾過の安定性です。

⑤ ヒーターの設置

　一体型のサーモスタット&ヒーターを使用。水量から80Wタイプを選択しました。ヒーター部分と温度感知センサーが一体型となっているため、センサーコードはありません。温度の変更も自在なため人気が高く、実用性の高い製品です。近年のヒーターは耐久性がより優れている商品も多く販売されており、こういった一体型タイプは錦鯉飼育にも非常に強い味方です。100ℓまでは対応機種（W）が販売されていますが、大型水槽で使用できる機種は未だ販売がないため、先述のとおりサーモスタット＋ヒーターセパレート型を使います。

⑥ アキ部分を加工する

　水槽全面を覆うように塩ビの透明板などを加工します。エアチューブや各種コード、LED取り付け部分を避けてカットし、錦鯉が飛び出さないように蓋自体も外れないようテープなどで止めるか、重しを載せます。

⑦ 水を入れてレイアウト後に導入、飼育を開始

　人工水草を利用した、シンプルなレイアウトとしました。水槽が小さい分、できるかぎり広く水槽内を確保したいためです。カルキ抜きとコンディショナー、バクテリアを投入後、水温を25℃に設定、粗塩を0.5％に調整しました。今回は、孔雀黄金の当歳魚5尾を導入し、飼育を開始しました。同生産者の孔雀黄金であっても色彩に個体差があり、艶やかで錦鯉らしい品種です。大きくならなければ、色彩の個体差は長い間継続するようです。大きくなると、オレンジ色の濃い本来の孔雀黄金の色彩になるというのも興味深いです。現在色揚げ成分の入った餌を半年ほど与えていますが、色の差は明確なままサイズもほとんど変わらず、健康に飼育できています。

錦鯉飼育編 ● 錦鯉を水槽で飼育する

左：表示が小さく数字が見やすいデジタル水温計
右：±0.5℃の精度で測定できる安価な水温計

50cm 小型水槽で実際に使用したコンディショナーとバクテリア。カルキが抜けて、表皮保護もしてくれる一体型（左）と、コストパフォーマンスに優れ、ワンプッシュで5ℓ分のカルキが抜ける便利品（右）。バクテリアは硝化菌で即効性、早く水槽飼育水を作りたい人にお勧め

各社の観賞魚用の塩。錦鯉・金魚共に人工海水（海水魚飼育の海水の素）は使用に適しません。金魚屋さんや錦鯉販売店で粗塩を購入することをお勧めしますが、淡水魚用の塩浴用で販売されている商品でも代用可

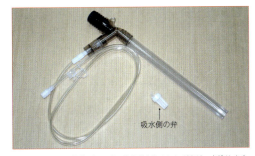

底砂利クリーナー「プロホース」。サイズはS・M・Lがあり、水槽サイズや水深で使い分けます。吸水側と排水側に各々ストレーナー付弁がありますが、吸水側の一つを外すことで少々大きな糞・ゴミを排水できます

⑧ 飼育用品

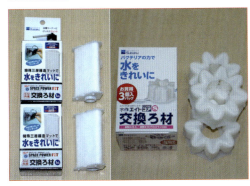

フィルターの交換カートリッジ……酸化の症状が出てきた場合は、カキ殻またはサンゴ石（小指サイズ）を使用して、pHをコントロールします

⑨ メンテナンスについて

60スリム水槽編で記述した方法でメンテナンスを行います。カートリッジの種類は違いますが、交換の方法や水槽維持の水換えの考えかたは同様です。

錦鯉
Nishikigoi

90cm のスリム型水槽で錦鯉を飼う

DATA
- **品　種**　　衣MIX＋変わり鯉混泳
- **水槽サイズ**　90×25×30cm（60ℓ）。汚れが目立たず引き締まるブラックシリコン仕様
- **スクリーン**　黒のバックスクリーンを背面にテープ止め

濾過器①。「プロフィットフィルター BIG（外掛け式フィルター／KOTOBUKI）。専用カートリッジの他に濾材・カキ殻の入るスペースも充分。販売されている外掛け式フィルター最大級の大きさで、メンテナンスも楽

濾過器②。「スペースパワーフィットプラスフィルター M」（水中式フィルター／水作）。専用カートリッジを簡単に交換でき、コーナーにすっきりと収められます

照明は「フラットLED 900」（KOTOBUKI）。薄さ・省エネ・デザイン性に優れ、明るさも十分。熱量も少なく、スリム水槽向け

ガラス蓋。水槽本体に付属しているガラス蓋に、他のガラスを組み合せ上面を飛び出し防止のため塞いであります

底砂は「礫」のサイズ違いを混ぜて使用。大きめの丸石をアクセントに。遊泳スペースを広く取った飼育重視のレイアウトスタイル。錦鯉の艶やかな色彩からか底砂だけであっても寂しさを感じません

ヒーター。60cm水槽とほぼ水量が一緒なため150Wオートヒーターまたはサーモスタットとの一体型を選択すればよいでしょう。ここでは一体型を使用しています。

120cm のオーダー水槽で錦鯉を仕上げる

錦鯉飼育編 ● 錦鯉を水槽で飼育する

DATA

品　種　多品種MIX混泳
水槽サイズ　120×75×60cm（約480ℓ）。奥行を広くとったアクリル製オーダー水槽。和なイメージをキャビネットとキャノピーに取り入れ、600kg近い重さに耐えられるよう設計されたものです。家具を手掛ける職人による全て手作りの1点もの。まさに錦鯉水槽飼育の本格的な飼育スタイルです。アクリル水槽は加工がしやすく、大きさも自由が利くので、設置場所にあったサイズを注文することができます。砂利は敷かずベアタンクで管理。水槽正面向かって左側奥に、脱着可能なコーナーカバーが据付けてあります。カバー内にメインポンプやヒーター類が格納され、さらに、上部フィルターの落とし口も収まっています。機器類の安全性はもとより錦鯉に傷がつかないように、デッドスペースをなくしています

錦鯉
Nishikigoi

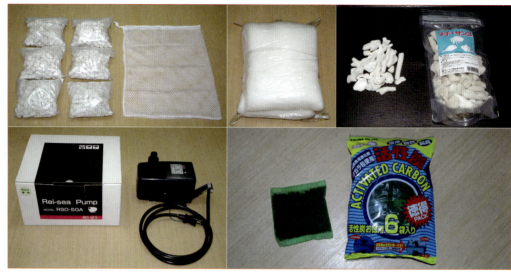

濾過器①。メインは特注の上部フィルター（116×30×18cm）。濾材は約4kgで、ウール、活性炭、サンゴを使用。稼働ポンプは「RSD-50A」（REI-SEA）が採用され、45L/minの吐出量。大型水槽で大切な要素に濾過性能が挙げられますが、静粛性も大事なポイント。水陸両用ポンプを使用することで、かなり静かに濾過が行われています。汚れの視認性が高く、メンテナンス性も非常に優れているのが上部フィルターの利点

照明にはLEDの90cmサイズ用。明るさに全く問題はありません。必要であれば艶色性を上げるため、他色でもう1本用意しても良いでしょう。

蓋は特注品で材質は塩ビ製。餌やり窓も作られています。さらに蓋全体にも飛び出し防止のため、簡単なロックができるような構造

水量・設置場所によりますが、ヒーターは600〜900W必要になります。サーモスタットも600Wまで2口、1000Wまで3口の商品が販売されているので、300Wヒーター2本、3本と接続して使用できます。

GOODS
錦鯉用品

バクテリア関連

数多くのバクテリアが販売されており、錦鯉水槽飼育に欠かせないアイテムです。水槽飼育水の立上げには「バイコムスターターキット」「Bioスコール」がお勧め。アンモニアに関しては、「たね水」も効果があります。水作りの基本となる部分なので、ぜひ使用してみてください。

水質検査関連

水質の検査は、魚の健康を保つために重要な要素ですが、水を見ても水質まではなかなか理解することができません。主にpH、亜硝酸、アンモニアを把握することが大切です。写真は色で判断できる簡易型検査薬。飼育当初は、何をすれば改善されるかを知ることが重要であり、また、錦鯉専門店・観賞魚店へ質問する際も飼育水槽の水質を知っておくと、より具体的に伝えられます。

水質が安定していてもpHだけは侮れない

順調に飼育期間が続くと、丈夫な魚であるが故にpHの変化を見落とし、錦鯉のpHショック、肌荒れなどが引き起こってしまったという話を耳にします。先述のとおり、サンゴ、カキ殻を用いてpHを上昇させる方法で酸化を防いでいるものの、飼育期間が長くなると効果がなくなるまでの期間が計算できません（サンゴ、カキ殻の形は残っていて、成分が抜けている状態）。錦鯉の量や、大きさ、フィルターの能力など状況は各々で異なり、サンゴ、カキ殻の消耗に雲泥の差が出てしまうからです。デジタルの目に見える数値でよりpHの変化に気づくことができれば、交換時期の対処も的確に行えるでしょう。

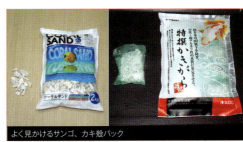

よく見かけるサンゴ、カキ殻パック

ハンディタイプのデジタルpH計（Marfied）

ライブモニター（常時数値をモニタリングしてくれる製品：Aqua Geek）

活性炭について

観賞魚用に多種類の活性炭が販売されていますが、水量に対しての量を守って使用することが大切です。汚れに対して飽和するスピードも異なるので、代表的な徳用パックなら2週間～1カ月、吸着力・持続性のある商品ならば1カ月～1.5カ月を目安に交換すると、水の輝き・透明度に差が出てきます。横見の水槽飼育において活性炭は重要なアイテムです。

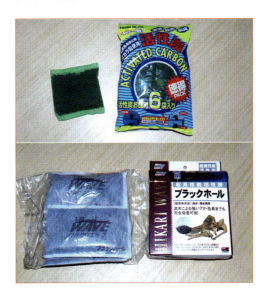

錦鯉飼育編●錦鯉を水槽で飼育する／錦鯉用品

錦鯉
Nishikigoi

カルキ抜き、保護剤、浄水器

　カルキ抜き、保護剤も多くの商品が販売されています。錦鯉は丈夫な魚ですが必ず使用してほしいです。導入時には、粘膜保護剤入りカルキ抜きも効果的で、錦鯉の擦れや小さな外傷などにも効果を発揮します。新しく入れる水道水に含まれる塩素を中和するため、交換水量に対しての投入目安が個々の商品に明記されています。

粘膜保護剤・ミネラル入カルキ抜き

純粋なカルキ抜き

ビタミン入りカルキ抜き

浄水器の使用

　水道水を直接飲用することが近年少なくなり、あらゆる方式の浄水器が家庭用にも普及している現代、観賞魚用の浄水器も多種多様な用途で販売されています。錦鯉飼育の場合、ハイスペックな浄水器は必要はなく、カルキが抜けて水道管内の汚れが取り除ければ充分です。大型水槽をはじめ水換えにホースが利用できれば、直接、浄水器を使用し水槽内へ水道水を投入することができます。一度使用するとかなり便利なため、混合栓に接続して熱帯魚飼育に利用されているアクアリストも多数います。また、初期の本体代金さえ問題なければ、気になるコストパフォーマンス（交換カートリッジ代）もそれほど高価ではありません。

塩と塩分濃度計

　各サイズの水槽へ実際に錦鯉を導入する際に使用する粗塩ですが、錦鯉の専門店、金魚の専門店で安価に購入することができます。また、各観賞魚メーカーからも金魚用・熱帯魚用として、多くの岩塩、塩が発売されているので、濃度を確認して代用可能です。先述のとおり海水魚用の人工海水は使用できないのと、料理に使用される塩は使用を避けてください。

　また、濃度を測定するためにpHと同様デジタル計も販売されています。追塩をする際に濃度が分かりづらくなる時や、計算して入れる塩の量の確認にも役立ちます。導入時は0.5％を目安に使用し、副作用のない粗塩は薬と併用する場合、水温を上げ病気を抑える時にも濃度を変えて利用でき、非常に役立つため常備したいアイテムです。

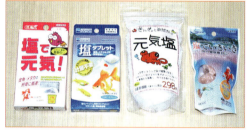

コケ対策

　錦鯉水槽飼育のトラブルで一番多いのが、コケに関する相談です。コケにはいろいろな症状があるため、個々に適した対処法が必要となります。水草をほぼレイアウトしない錦鯉水槽飼育下では、対策商品も心配なく活用できるでしょう。壁面に付く茶色のコケや緑色のコケは、スポンジで水に溶かさないように掃除することを前記しましたが、水自体に黄ばみや緑色になる（アオコ）症状が出た場合は、残念ながら水換えだけでは改善できません。掃除後、水換え後にコケ対策商品を使用すると効果が期待できます。特に、「アルジガード」は水槽セット初期より使用して、コケを生えにくくすることに効果があり、アオコ対策には、「P-CUT」や紫外線殺菌灯が優れています。

錦鯉飼育編 ● 錦鯉用品

タイマー、コンセントタップ（OAタップ）

　タイマーはライトのオン・オフが不規則になる場合にお勧めで、観賞魚店や家電量販店で購入できます。コケなどのトラブルに直結する照明時間、明るさの規則性を簡単にコントロールでき、決まった時間に餌を与えることも錦鯉の水槽飼育には大切です。OAタップについても前述していますが、飼育に際していくつのコンセントを使用するのか？　何W必要になるのかなど安全に飼育を続けるためにあらかじめ覚えておきましょう。写真のように個別に電源をオン・オフできるようになっているタイプは重宝します。

水槽飼育下で錦鯉に与える餌

　錦鯉は内臓器官に胃が存在せず、消化の良い餌が求められます。他魚に比べても、餌の種類が豊富に販売されているため、何を使用したら良いか迷ってしまうほど。以前より、販売されている錦鯉用の餌も量販店などで手軽に購入できるため、長年使用され、水質もうまく管理されている愛好家も多いですが、より簡単に、限られた水量で錦鯉飼育を愉しむためには、生菌剤入りの餌をお勧めしたいです。実際に与えてみると水の汚れかたがあきらかに違います。粒径もSサイズ／小粒を選択して、複数飼育可での成長差を極力防ぎたいところです。また、金魚の餌にも生菌剤を使用している商品も多数存在し、沈下性・浮上性があって食べかたに差がある・臆病な錦鯉が水槽内にいた場合に効果を発揮します。さらに、金魚用の育成タイプや生菌剤配合の餌料は、消化が特に良く作られているので利用価値があり、色揚げ成分配合により、黄ばんでしまう白写りなどにはこの金魚用育成、咲ひかり錦鯉育成のみで一定期間給餌すると黄ばみが改善されます。もう一つ、水槽飼育下の錦鯉は、色褪せしやすいことが知られています。ここで紹介した餌の成分に含まれるスピルリナが、色揚げに重要な役割を果たしています。金魚に比べて褪色が顕著な錦鯉は、肝臓でスピルリナを分解する過程で色揚げ作用が増すことが知られており、錦鯉業者、餌料メーカーの努力・研究が昨今の錦鯉の餌のクオリティに繋がっています。水温によっても餌を与え分ける必要がありますが、ヒーターを使用している屋内飼育ではあまり気にせず与えることができます。水温を低く管理する場合は低水温用の餌も販売されているので、実際の水温の状況により、使い分けて餌を与えると良いです。

錦鯉用の餌

生菌剤入りの餌

水槽で楽しむ 錦鯉・金魚

錦鯉
Nishikigoi

錦鯉水槽飼育 トラブルシューティング

Q 水槽飼育で錦鯉を小さく飼育を続けた場合、卵は産みますか？

A 産卵を行うためには、全長と性成熟しているのかどうかに密接な関係があります。錦鯉の雌雄は小さなサイズ（10～20cm前後）の場合、判別は困難で、40cm以上（オスは若干小さくても可）3～4歳でなければ性成熟をしないため、水槽飼育下で小さく飼育を続けている場合は、産卵することはほとんどありません。

Q 底砂利を口に含んだ後に「ごりごり」という音が水槽の外にも伝わります。何をしていますか？

A 錦鯉には、特有の器官"咽頭歯"があります。臼のような形状が特徴で、貝殻などの硬いものを砕く歯のような役割を果たします。底砂を口に入れたり吐いたりする日常行動での中で、餌を吸い込んだ際に異物はすみやかに吐き出され、餌を食べる時にもこの咽頭歯で砕く音が聞こえます。また、導入直後など落ち着きがない錦鯉が底砂利を口中に入れごりごり音を立てて吐き出す様子もよく見られます。なお、咽頭歯までは距離があるため、大きな錦鯉であっても人間の指などが咽頭歯に達してケガをすることはありません。

Q 新しい錦鯉を購入し新規水槽へ導入しましたが、数時間後に水槽や壁面に擦り付けている、痒がっていますが大丈夫でしょうか？

A まずは粗塩を投入して0.5～0.6％の状態にし、水温の変化が起こらないようにヒーターを使用してください。販売店での水温管理との差によって症状が出る場合があるため、始めは同じくらいの水温を心掛け、序々に水温を変更してください。その間の餌やりは少なめで様子を見ます。状況が悪くなるようであれば3～5℃加温し、「グリーンFゴールド顆粒」または「エルバージュ」を規定量使用し、さらに3、4日様子を見てください。魚病薬使用の際は餌止めをして、活性炭を取り出します。

Q 年齢の異なる（当歳と明け二歳など）錦鯉を一緒に飼わないほうが良いと言われました。飼育中の錦鯉のコンディションも良いし、販売店の錦鯉の調子も良いのになぜですか？

A 縄張り的なトラブルがほとんどない錦鯉ですが、育ってきた環境で、免疫の違いがあり、さらに年齢の違う錦鯉がいきなり同居を始めると、調子を崩すことが多々あります。あまりお薦めではありませんが、いきなり混泳させる際は、ヒーターを使用してあらかじめ、今までの水温より5℃プラス（最高33℃まで）として粗塩を投入し、0.5～0.6％にして様子を見てください。1週間ほど別水槽で塩浴、場合によっては薬浴後に、水温・塩浴維持での混泳のほうがリスクは減ります。販売店で混泳している場合は、問題が起こりにくいようです。塩分濃度は、次回の水換え時には調子が良ければ、序々に水温を下げていき、真水を投入し薄くなる感じで問題ありません。

Q 水換えを行った後に水槽の錦鯉の調子が急に悪くなりました。何が考えられますか？

A 水換え前のpHの低下、水の交換量が多い、水温の違う水での水換え、フィルターの過度な掃除などが考えられます。pHの低下は、餌の進歩により水汚れは以前と比べ格段に改善されていますが、濾過をすることにより、アンモニア→亜硝酸→硝酸塩がpHを下げる現象として水槽内で起こります。そのため、各項でも触れましたが、必ずpHを上げる作用を持つカキ殻・サンゴ石の定期的な入れ替えを行ってください。フィルターに関しても2台以上の使用がお勧めであり、どちらか片方を丸洗いする方法で急な水質の悪化が防げます。汚れがひどい場合は定期的な水換えの合間にもう一度水換えを行うことも大切です。

Q 錦鯉の緋盤、墨が薄くなり、なくなりかけています。戻りますか？

A 緋盤は一度なくなり欠け始めると、元どおりになることは難しいと思われます。墨に関しては水温が落ち着く、環境が整うことで元に戻る、他所にも表れることがよくあります。飼育環境・水質であったり、大きさの差がありうまく餌が摂取できないなども要因として挙げられ、魚病薬を投入した際にもストレスを感じて起り得るので何が原因か見極め、早めに改善してあげることが必要です。

Q 水槽の底に横になるように寝ています。病気でしょうか？ 餌を与える時には何事もなかったように上まで食べにきます。

A 当歳魚・二歳魚の錦鯉特有の"ねむり病"の症状であると思われます。人間でいう"はしか"のような病気で、通常、生産者・流通業者の時点で発症させて処置が施されます。そうすることで罹りにくくなり、重症化を防ぐことができますが、症状が出た際は粗塩を0.6％あたりを目安に調

整し、水温を現在の水温より5℃ほど（または32〜33℃）上昇させ、「エルバージュ」または「グリーンFゴールド顆粒」を規定量使用し、一週間ほど餌を止めるか、少量で様子をみることが必要です。改善されれば、抵抗力が備わって丈夫になります。予防線として移動時・新規導入時にはあらかじめヒーターと粗塩の使用がお勧め。

Q 全身が赤く充血して調子が悪そうです。鰭もたたんで元気がありません。また、「エルバージュ」「グリーンFゴールド顆粒」を試しましたが、効果がありません。

A 全身が赤く充血して鰭もたたみ元気がない状態を錦鯉関係者の方々は「かぜ」と呼んでいます。病気の初期症状がこれにあたります。移動の直後、季節の変わり目に多くみられる症状であり、万病の元となりうるため、他項でも紹介のとおり、迅速にまずは塩水浴が基本。0.5〜0.6％に塩分濃度を調整して、温度の変化がある場合、低温の時期であるならば、ヒーターを用いて温度変化も併せてないように調整してください。また、かぜの症状ではない場合、上記の処置では改善が見込めない場合もあります。「エルバージュ」「グリーンFゴールド顆粒」を試し、効果がなかったとのことですが、この2種のフラン系魚病薬は、光に対して分解してしまう性質を持っているため、遮光による使用か、3日間ほどで再投薬しなければ効きめが薄れてしまい、病原菌を抑えることができずに耐性を持たれてしまう場合があります。この場合、「観パラD」と併用で「エルバージュ」または「グリーンFゴールド顆粒」に粗塩を加え、1週間ほど様子を見てください。薬を変更してみること、薬の性質を把握して使用することはとても大切です。

Q 大正三色の肌の色、各鰭の色が黄色になってきました。また、白写りの頭部（特に口先）の黄ばみが強くなりましたが、なぜですか？

A 色揚げ成分である、スピルリナ・カロチノイドが影響しているものと思われます。水槽飼育でも褪色しないように、高性能な色揚げ飼料が主流となっているため、飼育を長期続けていくと、鰭や口先に黄ばみのような色素が見られるようになります。健康上は全く問題ありませんが気になるようであれば、上記色揚げ成分を含まない育成飼料に切り替えるか、全長が20cm前後あれば、「咲ひかり白虎」など白地仕上げ用を試してみてください。いずれも併用ではなく切り替えて与えることで黄ばみの改善が見られます。

Q 鱗が暴れた後に取れてしまいました。治りますか？

A 鱗が取れてしまったぐらいであれば、小型の錦鯉なら再生も速く、欠鱗した箇所が分からないほどまでに完治します。体表に傷を伴って鱗が剥がれてしまったり、発色の良い箇所の鱗であれば鱗が再生しても色乗りが悪かったり、傷跡が完治しない場合もあります。品評会で入賞するような大きな成熟個体の場合は、色は元には戻らない場合が多く、傷口が気になる場合や出血している場合は、「グリーンFゴールド顆粒」などを使用し、二次感染防止に努めてください。

Q 鰭が暴れた後、欠損していましたが治りますか？

A 鰭膜（きまく）が裂けてしまった程度であれば完治する場合が多いですが、硬い棘条や軟条が折れてしまった場合は、再生するものの曲がってしまう場合が多いです。ただし、健康上、泳ぎには影響が少ないです。

Q 小さいまま飼育を続けていますが目が少し大きく感じるのと、各鰭のバランスが変わったように見えるのですが大丈夫でしょうか？

A 他の観賞魚でも言えますが、年齢と目の大きさはごまかせません。特に寿命の長い錦鯉を水槽飼育で小さいまま飼育を続ける場合、体のバランスに対して各鰭が長くなり、目も少し大きくなります。健康上は問題なく飼育できるので心配ありません。

Q 同じくらいの大きさで錦鯉を購入して飼育を続けていますが、最近あきらかに大きさに差がつき、数尾痩せています。餌を与えても大きな個体がたくさん食べてしまいますが、何か良い方法はありますか？

A 均等に餌が行き渡るように毎日の給餌を心掛けることが、水槽飼育には重要な要素でありますが、大きさに差がつき始め、あきらかに痩せてしまう個体がある場合は、できるかぎり早く水槽を分けることが重要です。少し痩せている錦鯉に対しひいき気味に給餌を行い、また、同じ水槽に戻すようにします。少しの間であれば、元の環境で混泳させても、一時的な対処で済む場合も多くあります。また、浮上性飼料ばかりではなく、沈下性の餌を混ぜ与える工夫で、大きさの差を防ぐこともできます。サイズ差がつき始め、痩せが改善されず、餌が回らないようになってしまった場合は、別々に飼育する方法しかなくなってしまうので、日頃から摂餌の様子を注意深く観察したいところです。

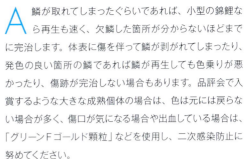

錦鯉飼育編 ● 錦鯉水槽飼育 トラブルシューティング

錦鯉

Nishikigoi

Q 錦鯉は元気なのですが、水の色が汚く、放置すると数日で緑色に濁り奥が見えなくなります。透明な水に戻す方法はありますか？

A 青水・アオコと呼ばれる飼育水の状態で、ガラス面のコケの付着ではなく、淡水棲の浮遊性植物プランクトンが原因。光合成を行うため、照明の長時間の点灯、設置場所でも発生率に差があります。飼育水自体が濁っていて、最初は色が分かりづらく気づくことに遅れてしまいますが、あきらかに緑がかってきます。水を換えることで回避しようとすれば、すぐにリバウンドしてしまい、なかなか水換えのみでは改善できません。しかし、池のような青水は、錦鯉自体には影響はなく、むしろ元気良くなってしまうことがありますが、鑑賞上美観を損ねるため、濾材に入れる「P－CUT」「水槽用防草剤モンテ」、自給式紫外線殺菌灯を使用すると、1週間ほどで改善されます。

Q 水槽飼育を始めて2週間ほどが経ちますが、ライトをつけると暴れてなかなか慣れてくれません。急に暴れることもよくあります。

A ライトのつけかたに問題がある場合がほとんどで、毎度暴れてしまうとクセになり、別の理由でも暴れることが多くなり、擦り傷、鱗の脱鱗が絶えない状態が続きます。まずは一気に暗くなる・明るくすることをやめ、全てのライトを消灯した際はその部屋に入ったりしないこと。点灯の際はルームライトから部屋の明かりをつけ、その後に水槽ライトを点灯します。水槽のライトを消す際はルームライトがついている状態で、いずれも10分ほどの時間差を設け、目が自然に慣れることから、ライトの点灯による暴れを減らしていきます。餌を食べる時に、人に対しての警戒心が解けていくので、餌やりまでにライトの点灯で驚かさないこと、摂餌の様子を少し離れた場所から見ることで、飼い主の気配を覚えてもらい序々に慣らしていくことが重要です。

Q 専用の粗塩を勧められましたが、粗塩はいつまで投入すれば良いでしょうか？ また、どんな効果がありますか？

A 各項でも触れていますが、副作用のないとても重要なトラブル予防効果が期待できます。特に問題がなければ、序々に塩分濃度が薄くなる方向でかまいませんし、最終的には真水の状態でも何ら問題ありません。体液と同じ濃度に飼育水をすることで、あらゆる予防となるので、新規・追加導入、季節の変り目、様子が少し疑わしい時などは、まずは粗塩を投入しトラブルの未然の防止に繋げてください。また、あらゆる魚病薬との相性も良く、入れたままで魚病薬対応が必要な時も利便性が高いため、錦鯉飼育では特に常備することをお勧めします。

Q 水槽が殺風景です。レイアウトに水草を使用したいのですが？

A 水草はほぼ食害されてしまいます。少し長持ちする差がある程度です。どうしても生の水草を入れたい場合は、アヌビアス・ナナやミクロソリウムといった硬い葉で石や流木に活着するタイプを使ってみてください。リアルな人工水草の商品も多数販売されているので、それを使うのも手です。

Q 水槽飼育でも少し錦鯉を大きくしたいのですが可能ですか？ でも、あまり大きくなるのは困ります。

A 水槽のサイズを大きくして飼育密度を減らし、餌の粒径を大きいものに変更して給餌回数を増やせば、単純にサイズは大きくなる方向へ向かいます。15cm前後の錦鯉が25cmほどになれば風格が大きく変わり、泳ぎかた、柄の出方までも変化していきます。水槽飼育においても飼育スペースに余裕があれば、ぜひとも少し大きくしてみることにも挑戦してみてください。実際に先述の大型水槽で錦鯉飼育を実践している愛好家も多数見受けられます。その後は、水槽に合わせて餌量制限を行い、成長に制限をかけていくことがあまり大きくしないコツです。

Q 各水槽の目安の尾数は？ 最大何尾まで入れられますか？

A 錦鯉は、特に水槽の広さ(ℓ)と飼育密度により成長を自らコントロールします。飼育編で紹介した実例では、60cm規格水槽(55ℓ)で15cm前後の錦鯉を5～8尾、90cm規格水槽(155ℓ)で12cm前後の錦鯉を20尾ほどで、長期維持ができています。より水槽が小さい場合は、導入時のサイズに配慮して30ℓ水槽であれば8～10cmの錦鯉を5～8尾程度で給餌量を調整しながら、飼育を始めてみてください。

Q 錦鯉は日本で生産されていると聞きましたが、錦鯉の発祥地と生産の盛んな地域はどこですか？

A 錦鯉の発祥の地は、新潟県中越地方の山間部(現長岡市と小千谷市)となります。雪深くなるこの地域では、冬の重要な食料(タンパク源)として、貯水地・棚田で飼育を行ってきました。その黒い真鯉の中から、色の違う鯉、模様のある鯉が生まれ、二十村郷竹沢村(後の山古志村)での品評会の際に"錦鯉"と呼ばれたことが始まりとなっています。生産地は、現在、全国各地に及びますが、公的な生産量は

不明です。都道府県別の生産量は新潟県が大半を占めており、福岡、広島、静岡が有名な生産地として知られています。

山古志の棚田の風景

Q 錦鯉は生産されてからどのようにして、流通していきますか？

A
一般的には、錦鯉生産業者から養殖・生産された錦鯉が流通業者に渡り、錦鯉販売店に並びます。生産業者主催の流通業者向けのオークションやエンドユーザー（愛好家）向けのオークション、品評会時の即売会も数多く開催され、活気があります。海外への輸出業務は登録された生産業者、流通業者が執り行っています。

オークションの様子

養鯉場の様子

Q 飛び出した錦鯉を見つけて慌てて水槽へ戻しましたが、肌が荒れて艶もなく、鰭にもゴミなどが付着しています。どうしたら良いですか？

A
水槽外へ飛び出す事故事例は非常に多いので、まずは必ず蓋を閉めることが大切です。肌の荒れている錦鯉は細菌にも侵されやすいので、別の水槽もしくは大きめのバケツを用意して、塩分濃度を0.5〜0.6％、「グリーンFゴールド顆粒」を規定量投薬し、水温差があるようであれば、ヒーターを準備し、さらにエアレーションを必ず使用して肌荒れの改善に努めます。粘膜の分泌が激しいので水を毎日交換し、交換分に対しての追加の粗塩、追加投薬を行い様子をみます。錦鯉自体に体力があれば、少量の給餌から開始し、治癒するケースも多々あるので、諦めず治療を行ってください。

Q 同じ錦鯉なのに、性格が品種によっても差があるのは本当でしょうか？

A
混泳にはほとんどトラブルのない錦鯉ですが、複数の品種を飼育していくと品種間にもあきらかな性格の差があることに気付きます。あまり驚かない品種、臆病な品種、餌を捕るのがうまい品種など同種間での個体差はもちろん、品種間の違いも感じられます。例として、からし鯉は小さくてもあまり動揺せず人馴れするのもあきらかに早く、逆にドイツ種、特に九紋竜は警戒心が強く、浮上性の餌をなかなか食べに来てくれない一面があります。また、小さくても体高のあるがっちりした個体は、餌捕りがうまい個体が多いように思われます。

Q 寄生虫のようなものが体表に付いています。駆除の方法はありますか？

A
体表に小さな丸い形状の移動性の虫"ウオジラミ"や、名前のとおり鱗と鱗の間にイカリを下ろし着生し糸状の突起のある"イカリムシ"が寄生虫の代表的な種類であり、体表、各鰭が赤く出血し荒れている場合は寄生虫の可能性が高いです。早期の発見の場合は、傷口も含め完治しますが、放っておくと大量に寄生し錦鯉が暴れたり、傷口より二次感染を引き起こすことも多々あります。「マゾテン・リフィッシュ」がペットショップで魚病薬・駆虫剤として広く取り扱われているため、規定量を投薬すれば幼虫の駆除は容易にできますが、卵には特に効果がなく、成虫にも効果が薄いため、一週間間隔で初回を含め3回の反復投薬を行うと良いでしょう。体表・各鰭に寄生する時に毒液を注入し吸血するため、出血した傷口から、二次感染を起こすこともあるので、「エルバージュ」または「グリーンFゴールド顆粒」を併用します。大量に寄生されると処置が厄介なため、初期段階でピンセットを用いて直接駆除し投薬を行えば、容易に駆虫が可能です。

ウオジラミ

イカリムシ

Q 錦鯉の主な病気の種類と対処方法を教えてください。

A
代表的な錦鯉の病気と手に入れやすい魚病薬を使用した、対処方法を紹介します。

● 白点病：金魚などにもよく見られる白点虫（イクチオフチリウス）が原因で起こる疾病。水換え時の急激な水温・水質の変化、新しい錦鯉の導入時、無加温の場合の梅雨時期、秋口に多い症状。1mm以下の白い点が各鰭、体表に表れ、広がり始めると数日で全身まで増殖します。粘膜の過剰分泌が体表に起こるため、体を擦りつける仕草からも感染を疑ってほしいです。対処法としては、28〜

錦鯉飼育編 ● 錦鯉水槽飼育 トラブルシューティング

錦鯉
Nishikigoi

32℃まで水温を上げ、粗塩を1ℓに対して5g、メジャーな魚病薬としては「メチレンブルー」を規定量もしくは「ヒコサンZ」または「アグテン」を規定量、粗塩と併用して使用します。一週間ほど様子を見て、薬を水換えの際に薄めていきます。一日でも治療を早く開始することが重要であり、魚病薬がない場合は、粗塩と水温上昇の措置だけでも早期なら終息することがあります。

白点病

- **水カビ病**：傷口があったり、体表に擦り傷があって水温が低下した時に起こりやすく綿状のカビが付着する症状がみられます。水カビ菌（サプロレグニア）が起因したもの。飼育水中に常在する水カビの一種であり体表異変、体調不良、水温低下により発症するので、日々の環境管理が非常に大切です。治療法としては、「グリーンF」「ヒコサンZ」「メチレンブルー」のいずれかを規定量と、粗塩を1ℓに対して5g入れ、ヒーターを用いて28〜30℃に昇温し、餌止めをして一週間ほど様子を見ます。改善されれば、水換えと活性炭を使い薬を抜いていきます。

水カビ病

- **尾ぐされ病（カラムナリス症）**：口ぐされ、鰭ぐされ、鰓ぐされを含むこの病気は、フレキシバクター・カラムナリスが起因して発症します。患部は、蛋白質分解酵素により溶けていき、腐ったように各部位を侵していきます。ほとんどの場合が水質の悪化が原因で、ストレスを抱えた錦鯉がいるとあっという間に感染が広がるため、死魚も含め症状のひどい錦鯉はすみやかに隔離を行うこと。治療法としては、早期でないと助からない場合が多いですが、魚病薬の併用と粗塩で対処します。塩分に対して弱いところがあるので、粗塩を少し濃く投入することも方法の一つ。鰓に付着するとさらに厄介であり、呼吸が早くなります。エアレーションを追加し早急に対処してほしいですが、症状が表れた時にはかなり進行している場合が多いので、注意が必要。「観パラD」規定量に、「エルバージュ」または「グリーンFゴールド顆粒」を併用し、1ℓに対して5gの粗塩を加え、餌止めを行い、10日間ほど様子を見てください。餌を食べる状態になれば、「エルバージュ」と少量の水を混ぜ、餌に含浸させ経口投与することも併せて行えば効果が期待できます。感染が強く患部の損傷（後に痕になりやすい）がひどいため、環境の悪化が起こらないよう日々の飼育から予防したいところです。

- **ギロダクチルス症**：呼吸が速く鰓蓋を閉じている個体も現れ、摂餌ができなくなるなど、フレキシバクター・カラムナリスに起因する鰓病と症状が酷似しているため区別が困難。ギロダクチルス症は寄生虫なので、「リフィッシュ」や「マゾテン」で効果が期待できます。「エルバージュ」または「グリーンFゴールド顆粒」と1ℓあたり5gの粗塩と併用し、両方の原因に対処する方法で治療を開始することが望ましいです。

ギロダクチルス症

- **穴あき病**：穴が空いたように体の至るところに腫瘍ができる疾病。初期の段階では鱗が浮き出たように見えますが、内部で症状が進行しています。運動性を持たない淡水の常在菌のエロモナス・サルモニシダが起因。感染力の弱い常在菌で、主にpHの低下、過密飼育による水質の悪化が原因であり、調子の悪い錦鯉がいなければ発症も少ないです。一度発症すると、腐乱した部位は完治した場合でも跡が残る場合が多く、重症化した個体は見ていられないほどの痛々しさです。対処法としては、水温を30℃付近まで上昇させ、「観パラD」に「エルバージュ」または「グリーンFゴールド顆粒」を規定量、1ℓの水に対して5gの粗塩で一週間様子を見て改善がなければ、水換え後に反復投与を行います。餌を食べるようであれば、少量の「エルバージュ」を練り、餌と混ぜて与えると治癒力がさらに上がります。いずれにしても、日頃の管理ミスが一番の原因であるため、pH管理も含め、定期的な換水と濾過洗浄を心掛けましょう。

穴あき病

- **まつかさ病**：松ぼっくりのように鱗が逆立ち、体全体も腫れ眼球の突出も起こる症状。鱗が逆立つため、あらゆる細菌の侵入を許してしまうことになり、手遅れになるケースが多いです。運動性のエロモナス・ハイドロフィラが起因していますが、常在菌であるため、発症は水質の悪化が一番の原因とされています。水換え、濾過洗浄、pH管理を含めた日々のメンテナンスに問題がなければ、ほとんど発症しません。初期段階であれば、回復にも期待が持てますが、鱗が立ちすぎる場合は治療は困難を極めます。「観パラD」と「エルバージュ」または「グリーンFゴールド顆粒」を併用して1ℓあたり5gの粗塩を投薬し、遮光したうえで一週間様子を見てください。その間、経口投与の方法、直接、「エルバージュ」または「グリーンFゴールド顆粒」を体表に直接塗布することで効果が得られることもあります。

錦鯉の専門用語集

▶部位・表現編

地肌：各品種においての肌の色を表します。ちなみに、紅白・大正三色の地肌は「白地」、昭和三色は「黒地」、浅黄・秋翠は「青地」と呼ばれることが多く、錦鯉のベースの色を示します。

質が良い：文字どおり、白地・緋盤・墨質を含めた地肌の良さ、潜在資質を示す用語。柄、体型も錦鯉にとって重要な要素ですが、質が悪ければ全てが台無しとなってしまいます。

テリ：テリとツヤは、広義では同じような場面に使用されますが、健康状態の良い魚・水質など管理が良い場合に「テリが良い」などと用いられ、持って生まれた資質に大きく左右される光沢を「ツヤ」と呼びます。どれだけ柄が良く入っている個体でもテリ・ツヤの悪い個体は、見栄えが極度に劣ってしまうのです。

肌荒れ：体表にツヤがなく、粘膜分泌の影響を受け荒れている状態のこと。健康状態を知るうえで重要であり、主な原因としてpHの異常や水質汚濁、内臓疾患の影響が考えられます。

緋盤：錦鯉の赤い模様部分のこと。赤色の質、色質もさまざまで、濃く厚みのあるものが好まれます。簡単に表現するなら、純白の肌地に濃い紅色を乗せたイメージです。

キワ：緋盤と白地の境目を意味します。どれだけ良い質の紅色を持ち合わせた個体であっても、境目が悪い個体は、見栄えが悪くなってしまいます。緋盤を持つ錦鯉を選ぶうえでとても重要な要素の一つ。また、ドイツ品種の場合、「鱗がない分、キワが良いのが特徴」という使いかたをします。広義では、あらゆる品種の模様の境目を示します。

サシ：頭部側からの緋と白地の境界線を意味します。前の鱗の下にサシ込むように鱗があり、幼魚期は特にサシの部分がピンク色に見え分かりやすく、年齢を重ねるたびに、良魚はキワがしっかりとして、ピンク色の部分が鮮明な緋色に変わってきます。

口紅：唇に口紅を塗ったように見える緋柄のこと。横見で見てもチャームポイントとなります。

丸天：頭部にある模様が、真円に近い状態のこと。主に緋斑を指し、「丸天紅白」「丸天大正三色」と呼ばれます。

尾止め：最後部に出る斑紋。ここに柄があればバランス良く見える個体が多いです。

尾止め緋：最後部に出る緋斑。紅白、三色、昭和など緋盤を持つ錦鯉において、頭部から尾止めに緋斑が入ることでバランスが良くなるため、良魚判断では注目される要素です。

覆輪：鱗の周囲の色が薄く見える箇所を指します。浅黄でとえるなら、網目の様に鱗が浮いて見えるその鱗の周囲の薄色の部分が覆輪に当たります。

鹿の子：小鹿の背のまだら模様、絞り染の鹿ノ子絞りの柄に似ていることから、できた用語。紅白で言えば緋色が飛び始めの見極めにも用いられ、覆輪が白く浮き出た状態を示します。このような緋盤は消失してしまう場合が多いです。

面被り：頭部全体が赤い斑紋で覆われていることを指します。表現としては、マイナスの要素が強い用語ですが、口紅同様、かわいらしく見えたり、豪快な表現として評価するケースも。

一本緋：連続して、頭部から尾部まで全体に緋模様が入ること。

大模様・小模様：模様の広さ（面積）を表し、魚体全体に大きく柄模様を持つものを「大模様」、その対義語を「小模様」と言います。明確な基準はなく、7〜8割柄があれば大模様と呼び、白地が5割以上の個体をおおかた小模様と呼びます。

二段・三段・四段〜段：頭部から緋盤がくっきり2つに分かれているものを「二段」と呼びます。三段・四段も同様に3、4に緋盤が分かれている状態。中には五段・六段柄の模様を持ったものも存在し、横見の水槽飼育であっても、段模様は見応えがあります。

片模様：左右どちらかに模様が偏っている（左右対象ではない）ことを意味します。悪い魚の表現として使われる場合が多いですが、横見の場合、逆におもしろい柄に見える個体も多いです。

稲妻模様：稲妻（雷光）のようにジグザグに入る模様のさま。稲妻紅白というように、緋柄の模様を表現する時に用いられます。

手・腕：胸鰭を差す用語。手・腕の模様・特徴にさらに別の用語が存在します。

墨：錦鯉に見られる黒い模様のこと。墨にまつわる用語の多さが、錦鯉の見栄えにどれだけ重要な要素かが容易に想像できます。

元黒：胸鰭の付け根に半円状に墨が出ること。昭和三色の判断基準であり、一方、大正三色は元黒ではなく、墨は胸鰭に線状に入ります。白写り・緋写りなどにも見られる特徴です。

なべ墨：鍋底の"すす"のようなツヤのない墨を指します。黄写りや昭和三色に見られますが、一般的には、質の悪い墨質を語る際に用いる場合が多いです。何とも味があり墨のバリエーションとしても渋さが特徴。褪めやすい墨で維持が難しいです。

大墨・小墨：いずれも大正三色に用いられる専門用語で対義語。三色でありながら、豪快な表現の墨斑を「大墨」、墨量の少ない上品な墨模様を「小墨」と呼びます。

錦鯉
Nishikigoi

漆墨：ツヤのある紫がかった黒色で漆器に用いられる、漆のような良質な黒色を意味します。主に大正三色の墨の表現に用いられます。

ジャリ墨：砂利をばら撒いたように墨が散っているさまで、点状になりまとまっていないことから、良魚を説明する際には用いられません。同義語で「散り墨」「ジャミ墨」が挙げられます。

写り墨：昭和三色・白写り・緋写りに見られる墨模様で、ダイナミックに魚体を左右ジグザグに走るのが特徴の墨。

面割れ・鉢割れ：昭和三色に見られる、口先から肩口にかけて頭部を2つに割るように豪快に入る、勇ましい墨のこと。

ツボ墨・カサネ墨：大正三色に用いられる、墨の出かた。主に緋模様にかからず、緋と緋の間の白地に出る墨を指しますが、絶妙な場所に墨が入れば、緋の上であってもツボに入った「ツボ墨」と呼び、緋模様と重なるように入る墨は「カサネ墨」と呼ばれます。

影墨：現状、隠れている墨の名称。白地に青っぽく見えることから「青地」とも呼ばれます。将来出現の可能性のある墨を言います。同義語として「あと墨」「二番墨」「隠れ墨」などが挙げられます。

鞍がけ：乗馬の際にかける鞍のように左右に巻き込む模様を指します。さらに頭部、尾部にバランス良く柄が入れば、横見でも、存在感のある表現となります。

緋飛び・墨飛び：緋がなくなる、墨がなくなってしまうこと。

石垣鱗：大小の鱗が石垣のように不規則に入り混じることから付けられた、鱗の入りかた。ドイツ鯉の鱗がこう呼ばれます。

革鯉：ドイツ鯉の中で鱗がないもの示し、まさにレザーのような質感が感じられます。対義語には「鏡鯉」「粗ドイツ」があります。

無駄ごけ：ドイツ鯉品種における、不規則な鱗を指します。背部や側線近くに表れます。

背ごけ：ドイツ種における背にある大鱗もしくは、大鱗の美しい並びを指す言葉。無駄ごけのないものが好まれますが、水槽飼育横見では良い個性として捉える飼育者も多いです。

▶飼育用品編

スピルリナ：海藻などに含まれ、錦鯉の色揚げ効果の研究が進むなか、スピルリナに含まれるゼアキサンチンが腸からの吸収も良く、体内でアスタキサンチンに転換されることが解明されました。緋色の色揚げ効果がより期待できる錦鯉飼料に含まれています。

アスタキサンチン：エビ、カニに多く含まれている赤色のカロチノイド系色素のこと。赤系の発色に金魚をはじめ他の観賞魚の色揚げによく用いられています。現在の錦鯉の色揚げ成分にはあまり使用されず、スピルリナが主流。

色揚げ飼料：色褪せしやすい屋内水槽飼育において、欠かせない飼料。色揚げ成分スピルリナが錦鯉の褪色を防ぎ、緋盤を含めた色彩を鮮やかにしてくれる錦鯉飼育には不可欠な飼料。水槽飼育には(株)キョーリンの「姫ひかり」がぴったりの色揚げ飼料と言えます。

白地用飼料：色揚げ飼料を継続的に与えていると、たとえば、三色の肌地や白写りの特に頭部の黄ばみが気になることがあります。黄ばみの原因の原料を極力排除しているため、他の餌から切り替えることで、品評会前にも活躍する白地にこだわった飼料です。(株)キョーリンの「咲ひかり白虎」が有名。

育成飼料：錦鯉に欠かせない、重要なタンパク源 (動物性・植物性) をバランス良く豊富に含み、炭水化物や脂質の配合が調整された飼料。

ひかり菌・生菌剤配合飼料：健康食品、腸内環境を整えるなど、人間が食べるヨーグルトにビフィズス菌があるように、錦鯉にも消化管内で生きた微生物として働くバチルス菌の一種があります。腸内環境を整え、餌の消化を促し、さらには排泄物までも分解する働きが期待できます。錦鯉用の餌に休眠状態で生菌が含まれる飼料が販売されており、水槽飼育においても、あきらかな効果を実感できます。

浮上性・沈下性：文字どおり、水に入れた際に、浮く餌と沈む餌のこと。導入直後や性格的に臆病な個体には沈下性の餌を与えることで、餌やり時によく食べる・食べないの差を軽減することができます。水槽飼育においても、いずれ浮上性の餌で与えたほうが人にもよく馴れ、また、種類も豊富なため、用途に応じて与えることもできます。浮上性の餌を元気よく食べるかどうかで、水質の変化や健康状態のバロメーターにもなります。

溶存酸素量：錦鯉飼育は水中酸素量が豊富にあったほうが良いです。エアーポンプと水中式濾過器、外部式濾過器の吐出口などに直接取付けられる、ディフューザーが酸素供給には一般的。水中の酸素量を示す溶存酸素量は、水温が高くなるとより少なくなるため、水量の限られた水槽飼育や夏季に向けての錦鯉飼育には必須。

盆栽鯉・盆栽飼育：日本の古くからの文化に小さく・美しく・極める松や楓の盆栽があるように、錦鯉の世界にも40cm以下、さらに小さく仕上げた錦鯉の総称を「盆栽鯉」と呼んでいます。錦鯉業界では「しめ飼い」と呼ばれていますが、大きく育てる錦鯉の魅力と同様に深い魅力・難しさがあります。小さく仕上げることは水槽飼育下では特に重要であり、尾数・餌料など工夫も必要です。昨今では、盆栽鯉"BONSAIGOI"も海外で通じる言葉となり、錦鯉の愉しみかたの幅を世界中に広げています。

均等給餌：餌の摂取量に個体差がないように与えること。日

錦鯉の専門用語集

常より餌やり時には、餌を食べられない個体がいないかどうかを見ながら与えることが重要な飼育ポイントです。浮上性・沈下性の餌を用いるなど、工夫一つで、弱い個体を水槽内に作らないことも大切です。

青水：飼育水が浮遊性プランクトンの影響で、緑色に濁った状態を示す言葉。水槽飼育下では特に観賞上の美観を損ねるため、あらゆる対策商品が販売されています。

フィルター：錦鯉は大食漢で有名な魚であり、飼育水をよく汚します。水槽飼育下の限られた水量では、特にフィルター（濾過器）の性能が重要になります。各種水槽サイズ・魚種に適した濾過器が多数販売されているので、メンテナンスや濾過能力からも1水槽に対して2台以上のフィルターを取り付けるとベター。

バクテリア：アンモニア→亜硝酸→比較的無害な硝酸塩へ硝化する作用の働きを持つ微生物。水槽内でも自然に発生しますが、錦鯉を導入する前に硝化菌の生菌を入れることで、水槽内・濾過槽内にバクテリアが住み着き、微生物が水を作ってくれる環境が整います。

濾過材：生物濾過の重要な役割を果たす、バクテリアが住み着く場所。素焼きのセラミック製・ガラス製のリング状の商品や、球状、小指ほどの砂利のような形状までさまざまな濾過材が販売されており、電子顕微鏡で表面を確認すると、穴や凹凸があってバクテリアが住み着きやすいことが分かります。濾過材に住み着いたバクテリアは、アンモニア・亜硝酸を水換えで除去できる、硝酸塩に硝化する重要な役割を果たしています。

ウールマット：水中のゴミなどを直接水が通過・落下することで取り除く役割を持ちます。濾過材の凹凸がゴミで詰まるのを防ぎ、バクテリアの住処を守る働きも。ゴミの量や大きさによっては、ウールマットにも材質・粗さに差があるので、フィルターの種類に応じて使い分けをすると良いです（水槽飼育編60cm企画水槽の項参照）。

活性炭：炭でできた観賞魚用品。あらゆる形状が販売されており、目安の使用量も各商品に記載されています。主に、着色された水を透明にしたり水の匂いを抑える効果があり、水槽飼育では、定番アイテムの一つです。

ヒーター：限られた水量で飼育する際に水温変化を極力抑えることで、導入時、季節の変り目の体調不良を防ぐことができます。また、病魚に対して多くの場合、水温を上げる対策に効果があるため、常備しておきたいアイテムです。水槽飼育編参照。

pH（ペーハー・ピーエイチ）：水中の水素イオン濃度指数を指す用語。水の酸性、中性、アルカリ性を示すもので、7が中性の意。錦鯉飼育では、水が酸化（pH 4～5）しやすいので、水が透明できれいであっても注意。pHを測定する商品は多数販売されているので、何かしら一つはpHを測定できる製品を準備したほうが無難。錦鯉は中性付近で飼育をすることが望ましいです。

カキ殻・サンゴ：水質が酸化(pH低下)するのを防ぎ、水質を安定させたり、水の硬度を上昇させる働きがあります。水中にミネラルが溶け込むため、体表のテリにも良いです。一見、投入したカキ殻・サンゴが何の変化もないように見えますが、中身の成分が溶け出しているので、入れ替える方法で定期的に交換することが重要です。投入直後では、水質の変化が見られないので、翌日にpH・硬度を再測定し、適正量か判断します。pH値が改善されない場合は、適宜追加をすること。

水質：水が透明で一見きれいに見えても、pHが低く錦鯉に適していない場合や、バクテリアがうまく機能しない場合に、有害なアンモニア・亜硝酸が検出されることがあります。飼育を続けるうちに錦鯉の状態から水質の良し悪しが判断できるようになりますが、各種水質の検査商品が多数販売されているので、"水を知る"ことも非常に重要であり、販売店などに相談の際は必須のキーワードとも言えます。錦鯉では、一般的にpHは6.5～7.5付近の中性、アンモニアは0.1mg/ℓ以下、亜硝酸も0.1mg/ℓ以下が望ましく、硬度(水の硬さ)もカキ殻・サンゴなどをフィルター内に投入し、GH 5前後あたりに調整することで、pHの低下を防ぎ、水質の安定に繋げることができます。錦鯉は、観賞魚の中でも丈夫で環境適応能力も優れていますが、フィルターを2つ以上取り付けること、エアーレーション・ディフューザーによる酸素の供給も水槽飼育の水質維持に密接な関係があるのでぜひ実践してほしいです。

塩分濃度：錦鯉飼育には必須アイテムである粗塩が飼育水にどれだけ溶けているかを％で示したもの。錦鯉の体液と同じ塩分濃度に飼育水をすることで、病気の予防・魚病薬の効果向上、ストレス軽減が期待できます。錦鯉水槽飼育下でも、0.5～0.6％の塩分濃度で粗塩を用いることが多いです。

紫外線殺菌灯：藻類の抑制や、病原菌の異常繁殖を抑える働きがあり、水の透明度もあきらかに上昇します。水量に合わせた適合機種を選択してください。淡水においては、海水環境と比較して、表示値より小さな機種（W数）を選択しても効果があります。

▶その他

国魚(國魚)：日本を代表・象徴する観賞魚の地位にあることからこう呼ばれています。日本の国技なら相撲、国鳥ならキジと呼ばれるのと同意。

錦鯉
Nishikigoi

錦鯉系統図：錦鯉の品種がどのように掛け合わされ、創出されてきたかがひと目でわかる歴史図解。現在では品種が多種類に及ぶためより複雑になっていますが、本書では全日本錦鯉振興会掲載の系統図（再編）を別項にて紹介しました。

上見（うわみ）・横見（よこみ）：本来錦鯉は上から眺めた際の柄の良し悪しを見るため、上見で良く見えるようにつくられています。横見とは真横すなわち水槽などで横から、ガラスやアクリル越しに錦鯉を眺めることを指します。横から見ても柄の美しい品種が多い錦鯉を、手軽に飼える15cm前後のサイズを中心に水槽で愉しむのが横見飼育です。水槽飼育下であってもさまざまなアングルで観賞できるため、上見・斜め上・腹側など、魅力も存分に感じることができます。

御三家（ごさんけ）：100品種以上とも言われている錦鯉の品種の中で、代表的な3品種、「紅白」「大正三色」「昭和三色」が御三家と呼ばれています。

品評会：錦鯉の品種・全長で区分が細かく分かれており、各賞が選出されます。大会総合優勝、区分総合優勝、品評会ごとの特別賞などが設けられていて、出品者（オーナー）の錦鯉が審査員の評価を受けることができます。近年では、より小さい錦鯉（12cm以下・12部）からの品評会もあり、出品者の幅を広げています。また、錦鯉の観賞価値と飼育技術を披露する場として、さらには錦鯉愛好家の普及・交流の場とすることを目的としています。

生産者：錦鯉を生産・創り出すことを生業にしている業者を指します。毎年4月末頃から5月にかけて採卵し、錦鯉を世に送り出しています。養鯉場（ようりじょう）、養魚場（ようぎょじょう）とも呼ばれ、発祥の地である新潟県が全国1位の生産者数を誇っています。

愛好家：錦鯉を趣味で飼育している一般のユーザー。近年は特に海外の愛好家数が日本国内を圧倒して上回っています。国内でも長期にわたり本格飼育を続けている愛好家も多数見られ、水槽飼育の愛好家も増加しています。

流通業者：生産者が創り出した錦鯉を商社的な役割で、小売店や一般の愛好家へ流通させる業者を指します。品評会で受賞の際は取り扱い業者として、生産者名・取り扱い業者名・錦鯉のオーナーが記され、実績評価されています。

明け二歳・当歳：錦鯉の年齢（生まれ）を表現する言葉。一般的に錦鯉の生産・選別時期と関係しており、4月末から5月頃に採卵され生まれた毛仔は、8月頃までを「新仔」と呼び、年内12月31日までを「当歳」と呼びます。明けて新年（元旦）から4月末から5月頃までを明け二歳、生まれた日から年内は二歳としていますが、もう少しアバウトな表現で、「次の採卵が始まると、当歳がなくなる」といった会話もよく耳にします。

立て鯉：将来性があり、大きくしていく段階で体型が良くなり、色艶が当歳より良くなる錦鯉を意味します。文字どおり、立てて良くなる、成長させてより良くなる錦鯉を「立て鯉」と呼びます。小さな時は美しい錦鯉でも、成長に伴い美しさを増すことはさらに難しいことになります。

毛子：錦鯉の孵化したばかりの、仔魚（赤ちゃん）のことを専門用語で「毛子（けご）」と呼びます。

選別：錦鯉生産で行われている通常の繁殖では、1回（一腹）で約50万匹もの錦鯉の赤ちゃんが誕生します。孵化後1カ月ほどで、各品種における見極めの際に将来性のある稚魚を残し、2～3週間周期で何度も何度もその品種にふさわしくない色・柄、体型の錦鯉を選り分けていく作業が行われています。50万尾からおおよそ0.6％（3000尾）ほどを選び育てていくわけですが、熟練した目利きと経験が必要で、この「選別」が錦鯉生産者にとって最重要工程の一つと言えます。健康かつ良質な錦鯉が流通するためにはなくてはならない工程です。

眠り病：錦鯉特有の病気で、眠ったように錦鯉が横になってしまい、体表が荒れ、皮膚・各鰭にも充血が見られる症状。ウイルスが関与していると言われており、人間でいう"はしか"のような状態です。販売店で購入する際の錦鯉のほとんどが、眠り病を経験しており抗体を得ている状態になっていますが、かかりが浅い、当歳魚と二歳魚以上を混泳させた際に再発症することも。トラブルシューティングの項で紹介したとおり、しっかり治療を行えば治せる病気であり、その後錦鯉も丈夫になります。

KHV（コイヘルペスウイルス病）：真鯉、錦鯉に発症するウイルス性疾患。1998年にアメリカ・イスラエルで発見・報告され、以後、世界各国でも症例が確認されました。症状としては、体表が荒れ鰭がただれ、鰓の異常、目の陥没など外的な症状があきらかに確認されるようになり、発病した際はほぼ100％に近い確率で死亡してしまう病気です。高水温で一時的に回復するものの、ウイルスキャリアの状態にあるだけで治癒できたとは言えず、有効な治療法が確立されていません。日本においても2003年に茨城県で発症が確認されて以来、全国に拡散。天然の真鯉にもKHVが発症する事態となりました。全国の水産試験場を中心に防疫が進められ、流通の際のガイドラインが強化されました。現在は、KHVの検査体制があり、錦鯉生産者・流通業者は陰性証明書を取得し、生産者別に隔離管理した後に、健康状態の定期検査を行い、販売店、一般ユーザーに渡っています。

～水槽で楽しむ金魚～

はじめに

　金魚すくいを思い描いてください。初めて金魚を見たのは上からだったのではないでしょうか。たとえば金魚すくい。自分も、真っ赤な魚がたくさん泳ぐなか、真っ黒で目の出た金魚が泳いでいたのを覚えています。金魚を飼育している人口は相当数に上ると思われます。国内有数の金魚産地では、文化とも言える盛り上がりを見せてはいるものの、大多数の人たちのイメージする金魚は、「金魚すくい」のまま止まっているのではと感じることがあります。筆者も10年前までは金魚に対して「金魚すくい」のイメージしか持っていませんでした。筆者は熱帯魚販売店に勤め始め金魚の担当になり、何もわからないまま中国金魚を扱い始め、産地を問わず全ての金魚を水槽に入れていました。金魚を横から見るということに何の疑問も持たず、また、何の抵抗もなかったものです。当時、桶に入れていたのはらんちゅうの青仔くらいだったような…。金魚の表情を捉え、背なりで選び、仕入れることからスタートしたのですが、これが本当に楽しい仕事でした。横から見た金魚の格好良さ、個性的な表情に感動したのを覚えています。元々、熱帯魚において1点ものや特殊個体が好きだったこともあってか、いつのまにか変わった金魚に視線が向いていきました。気に入った体型と絶妙に違う「心を煽る容姿」、色みも模様も違う「圧倒的な個体差」に心を奪われたものです。不思議な柄の金魚を迷わず仕入れると、水槽は一瞬で華やかになり、注目されるようになりました。そう、他の魚には見られない「個性」と出会ってしまったのです。

　当時、金魚は「上見であるべき」と言われ続けましたが、「横見もイイもんですよ」と言うしかなく…。上見の伝統があってこそ金魚文化が成り立っていることは誰しもが認めるところです。ただ、筆者が横見での金魚の動きや表情に感動したように、改めて金魚を見つめて感銘を受ける人も多いのではないでしょうか。日本と中国を行き来し、伝統に伝統を重ね、多種多様姿を見せる金魚。生産者それぞれに理想形があり、飼育者それぞれにも理想形があります。生産者・生産国を問わずに、金魚の個性溢れるラインナップをじっくり見つめてみてください。こうあるべきという概念をいったん忘れ、この一冊に目を通していただきたいと考えています。

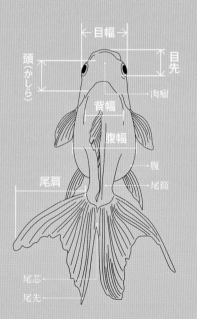

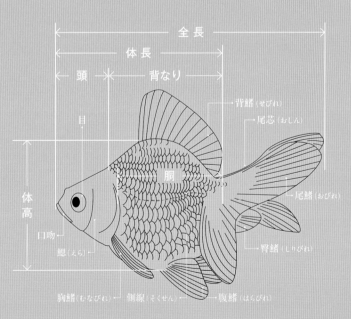

金魚の各部名称
Parts of the Goldfish

金魚のさまざまな鱗

普通鱗
一般的な鱗の形質。
全ての鱗に光沢があります

全透明鱗
全ての鱗が透明鱗になる形質。目の周りの光沢も消え、黒目であることが多いです

半透明鱗
普通鱗と透明鱗がランダムに表現される形質。その割合で、見ためがガラッと変わります

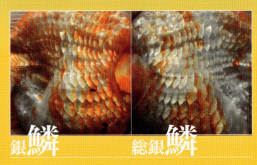

銀鱗　総銀鱗
半透明鱗の遺伝子を持っていながら、ほぼ全ての鱗に光沢が見られる形質。透明鱗の割合が極端に少ない場合でも、このように呼ばれることが多いです

網透明鱗
鱗の中心に光沢が表れ、外郭のみ透明になる形質。透明になった部分が網の目状になることからこう呼ばれます

パール鱗
珍珠鱗（ちんしゅりん）とも呼ばれる、ピンポンパールに代表される鱗の形質。石灰質から成る半球状に浮かび上がった鱗が特徴的です

金魚のさまざまな尾

金魚の各部名称

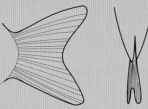

フナ尾
サバ尾、一本尾とも呼ばれます。金魚の根源であり、最も先祖に近い尾をしています。和金などに多く見られる尾の形状

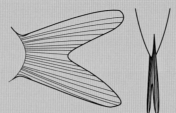

吹き流し尾
フナ尾が長くなったような尾。コメット、朱文金などに見られる尾の形状で、1枚の尾ながら優雅な泳ぎを見せてくれます

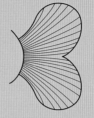

ハートテール
横見に向いたハートの形状をしたかわいらしい尾。ブリストル朱文金が代表的な品種

三つ尾
フナ尾を2枚合わせたような、隙間のない形状。さまざまな金魚の尾に見られます

四つ尾
三つ尾に切れ込みが入った形状。尾の深くまで切れ込みが入っていることが多いです

桜三つ尾
三つ尾に切れ込みが入りますが、四つ尾に比べ浅い形状。桜尾とも呼ばれます

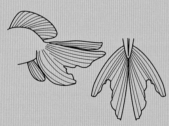

ロング（フェニックス）テール
三つ尾、四つ尾などが長くなった尾の形状。ベールテールに比べ尾1枚の面積は少ないです

ショートテール
三つ尾、四つ尾が短くなったもの。泳ぎは決してうまくないですが、ピョコピョコ泳ぐ姿はかわいらしいです

ブロードテール
ワイドに広がった中国産琉金特有の尾の形状。上見でも横見でも美しい姿を観賞できます

ベールテール
ワイドなブロードテールや蝶尾の尾が長くなったもの。ロングテールに比べ、尾1枚の面積が大きいです

メープルテール
楓尾とも呼ばれます。ブロードテールが三つ尾のようになった形状

蝶尾
その名のとおり、蝶の羽のように開いた尾が特徴的です。上見が基本ですが、横見でも優雅な泳ぎを見せてくれます

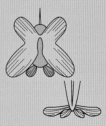

孔雀尾
地金・六鱗特有の尾の形状。後部から見た形状からX尾とも呼ばれます

Gold Fish

金魚のさまざまな色

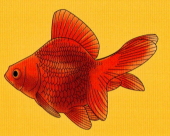

猩々（しょうじょう）
素赤に似るが、鰭先までが赤いです

更紗（さらさ）
紅白で染め分けられた縁起の良さそうな体色です。更紗の中でもさまざまな表現があります

素赤（すあか）
一般的な体色で鰭先は白いです

白勝ち更紗
白の面積が多い更紗模様です

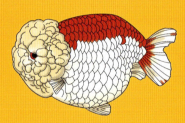

かつぶし更紗
背なりに沿って赤が入ります。らんちゅうやオランダに多い表現

赤勝ち更紗
赤の面積が多い更紗模様です

一本緋（いっぽんひ）
側線を境に上部は赤、下部は白に染め分けられた更紗模様の一種

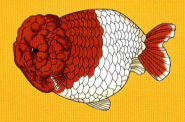

面被り（めんかぶり）
頭から胴の中央にかけて赤く、後半は白い紅白柄の一種

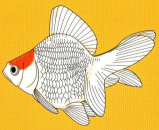

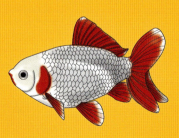

六鱗柄（ろくりんがら）
各鰭・鰓蓋・口先にそれぞれ赤が入る、地金・六鱗に代表される柄です。地金・六鱗は調色によるものですが、他品種の更紗模様の中に似たような柄の個体が出現することもあります

丹頂（たんちょう）
丹頂鶴のように頭頂のみが赤くなる模様で縁起物とされています

金魚
Gold Fish

金魚の各部名称

小豆更紗

鹿の子更紗

小豆更紗・鹿の子更紗
小豆が散らばったような赤や、小鹿の斑紋のような赤の表現からこのように呼ばれます。出現しやすい系統こそあるものの出現割合は低く、希少性が高いです

トラ（タイガー）
素赤・猩々に黒が入ったもの。黒の濃淡や面積は変化することがあります

トリカラー（更紗×墨）
虎とは違い、普通鱗の紅白に墨が入る表現。墨は各鰭に入るものが多いですが散在することも

三色（さんしょく）
朱文金、東錦などに見られる三色の表現。個体差が激しく、人気が高いです。1点ものの金魚は三色派生のものが多いです。背の内側に青い発色が見られることもあり、玄人好みの色柄

赤勝ち三色
赤×白×黒において、赤の面積が多いもの

黒勝ち三色
赤×白×黒において、黒の面積が多いもの

白勝ち三色
赤×白×黒において、白の面積が多いもの

丹頂三色
頭部が赤のみの配色で、体色は三色と同様

ゼブラ
赤と黒を基調とした体色ですが、なぜかゼブラ（シマウマ）と呼ばれています。赤地に黒が散在し、半透明鱗の三色から出現します。トラやトリカラーと比べて、褪色が起こりにくい希少な柄です

五色（ごしょく）
赤や黒に濃淡があり、かつ背の青も混じる変わり柄

金魚
Gold Fish

金魚のさまざまな色

黄頭（きがしら）
主に頭部が黄色に変化する表現。オスにのみ見られる特徴

白黒（しろくろ）
白と黒が散在した色柄。三色の系統から出現する希少柄で、青や羽衣に比べ色の変化が少ないです

青（あお）
青文魚に代表される独特な色。腹から青が抜けることがあり、白が出てくると羽衣になります。茶の斑が入る個体も

茶（ちゃ）
青と対比される色柄。青と茶が混同されることも多く、その場合は比率の多いほうの色として呼ばれます

羽衣（はごろも）
青が色抜けした状態。そのまま色抜けし白になることも。色の変化は腹から背にかけて白くなります。茶の斑が入る個体もいます

メノウ
2種類のメノウがあり、単色のものと青×茶のものがあります。単色のものは淡い茶色で、ツートンのものはバランスの良い青×茶の配色をしています

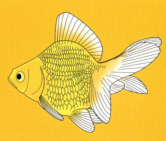

黒（くろ）
黒出目金に代表される、全身黒一色の個体。腹から黒が抜け赤や白になることで、虎やトリカラーに変化することも。らんちゅうやオランダにも見られる配色です

パンダ
蝶尾に代表される色柄。黒の面積には差がありますが、羽衣に近い色抜けをすることも。地色の白に対して、目や口先に黒が入るためパンダと呼ばれます。黒の面積には差がありますが、羽衣に近い褪色をすることも

白（しろ）
選別過程で洩れることも多い色でしたが、近年見直されつつあります。口や目の周りだけ赤い個体などは人気が高く、さまざまな販売店で見かける機会が多くなりました。半透明鱗、全透明鱗の白などはファンが多いです

ゴールデン
レモンとも呼ばれます。黄変したもので、赤の発色はありません。ただし、墨は表現されることがあります。更紗の表現は少なく、希少性が高いです

1点ものとは

　中国金魚が流通するようになってからよく耳にする「1点もの」というフレーズ。一つの品種の定義や品評そのものを軽視しているわけではありません。選別淘汰されずに需要が広がる道は生産者にも飼育者にも良いことなのではないでしょうか。では、どのような体色が1点ものと呼ばれるのか、例を出して紹介していきます。まずは、最も探しやすいキャリコ体色からの単色やツートンが挙げられます。キャリコ体色とは半透明鱗の鱗を持ち、赤・白・黒を基調とした雑色の表現。基本的にキャリコの表現は3色以上で構成されますが、時折そうでない個体がいます。三色のいずれかが表現されない個体です。

赤・白・黒で配色された一般的なキャリコ体色

白が表現されない個体で"ゼブラ"と呼ばれます

赤が表現されない個体で"白黒""黒白"と呼ばれます

　どちらの個体も透明鱗が確認できるため、キャリコ体色の品種の副産物であることがわかります。どちらにも言えますが、褪色途中の黒でないかの確認は必須です。全ての鱗が光沢のある普通鱗だった場合は、黒が抜けてしまうことが多いです。

透明鱗は確認できず、普通鱗のみの構成。褪色してしまう可能性があります

美しい赤と黒のツートンカラーですが、キャリコからの出現ではなく褪色してしまうかもます

赤と黒が表現されない白い個体。キャリコ特有の透明鱗も確認できます

　次に、柄の一部として着目されるのが目の色。黒目は透明鱗の金魚で見られる表現で、目の周りの光沢部分に光沢があるか（普通鱗）、光沢がないか（透明鱗）といった差異が

ピンポイントで表現が異なってくる個体は希少

あります。①全普通鱗→白黒目（普通目）②半透明鱗→ランダムで白黒目か黒目か黒目がち（基本的には鱗の表現割合に比例）③全透明鱗→黒目 ④網透明鱗→黒目がち（鱗と同様に目の周りの光沢にもムラが見られるため）

　ただし、このベースからも逸れてしまう個体が稀に出現します。

　胴体は全透明鱗なのに鰓蓋・目の周りに光沢が見られます。つまり、半透明鱗の遺伝子を持っていて、一部分にのみ光沢が見られるという特殊な個体なのです。なお、全ての鱗が普通鱗なのにもかかわらず目が黒目なんて個体も存在します。このように、本来の姿とは似ても似つかない、でもどこか味のある表現をした個体が時折混ざっているのです。さまざまな体型をしたものが流通する金魚ですが、そこに注目してみると、特殊な体型をしたものが淘汰されず店頭で見かけられることがあります。たとえば、ショートボディ。これは似たような体型の個体はおらず、突然変異として出現するものと思われます。転覆症の割合も高いので、加温処理などは施したほうが良いでしょう。

広州から江戸錦として輸入されたショートボディ個体。たくさんの江戸錦の中を泳いでいました

　スモールフィンとは、尾鰭が異様に短く、狙って改良されたものです。中国国内での需要が多く日本にあまり輸入されてこないため1点ものとして扱います。中国らんちゅうに見られる特徴で、発達した肉瘤と短い各鰭のバランスがかわいいです。

福建省から更紗らんちゅうとして輸入された個体。胸鰭も小さいです

　鱗の表現ではパール鱗が挙げられます。パール各種や浜錦、穂竜などが代表的な品種ですが、それら以外の品種にも時折見られる表現です。松かさ病でなければ飼育していただきたい1点もので和金のほか、黒らんちゅうや蝶尾などでも見られることがあります。

金魚の品種
Pictorial Book of Gold Fish

更紗和金・四つ尾／埼玉県産。背は白く、腹には赤が巻き、三段の模様を持つ教科書どおりの個体

和　金

わきん
WAKIN

　日本に渡来した最初の金魚とされ、鋭い頭部に長い胴体は元祖であるフナに最も近く、泳ぎが速く小回りが利きます。フナから緋ブナを経てこのような姿になったとされています。縁日などで行われる金魚すくいなどで大量に泳いでいる小赤（フナ尾の和金）は和金の子ども。飼育観賞用として出回るものはもちろん、金魚すくいなどに使われる金魚も、奈良県大和郡山地方を筆頭にそのほとんどが国内で生産されたものです。一方、観賞販売用として生産されている更紗の美しい和金は意外に少なく、どこの養魚場でも繁殖されているわけではありません。背が白く、腹の底に赤が巻き、緋が段々模様になっているものが良いとされています。横見では、口紅や両奴（りょうやっこ：両方の鰓蓋に緋が入るもの）などのポイントで選ぶのもおもしろいでしょう。更紗に限っては1尾1尾模様が違ってくるので、一般家庭で飼育・管理する際は雰囲気の違う個体を混泳させて違いを楽しむと良いでしょう。

　小赤をはじめ、どのような和金を選択したとしても、飼育していればいずれ15cmを超え、時には30cm以上に成長することもあります。成長に伴った飼育設備も意識しなければなりません。頭部・体高・尾・色柄などポイントも多く、厳選された和金はシンプルでありながらも長きにわたり金魚愛好家を唸らせ続けています。

Gold Fish 金魚

金魚の品種 ● 和金

更紗和金・三つ尾／愛知県弥富産。気に入った柄のみを集めた和金水槽は紅白のみでも観賞していて飽きないものです

更紗和金・四つ尾／埼玉県産。迫力のある動きは単独飼育でも見応え十分

更紗和金。筆者が小赤から育成した個体。腹に巻いた赤と鰓に乗る赤が格好良いです

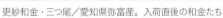

更紗和金・三つ尾／愛知県弥富産。入荷直後の和金たち

更紗和金・三つ尾／愛知県弥富産。両奴、口紅付きの美しい更紗個体。紅白のバランスもすばらしく見応えがあります

更紗和金・三つ尾／愛知県弥富産。中央にのみ赤が入る鱗が散見される個体は「鹿の子模様」「小豆更紗」と呼ばれ好まれており、系統によって出現率に差があります

Gold Fish

銀鱗三色和金・三つ尾／埼玉県産。
三色和金の人気の火付け役となった本品種。
半透明鱗ですが普通鱗の割合が多く、光沢の多さから派手で観賞価値が高いです

銀鱗三色和金／埼玉県産。少し模様が違うだけで雰囲気がガラッと変わってきます。口先に少し赤が入るだけで迫力ある表情を見せます。2歳

左の2歳の銀鱗三色和金を逆から見たところ。口先の赤だけでここまで個体の表情が変わります

三色和金

さんしょくわきん

SANSHOKUWAKIN

　江戸川、埼玉などで主に生産されている和金のバリエーションの1つ。しっかりとした和金らしい体型のものは少なく、三色ゆえに個体差があり、希少性が高い品種です。コレクション性も高いです。近年、一般的な三色ではなく、光沢を伴い派手さを加えた「銀鱗三色和金」（荻野養魚場／埼玉）が登場したことにより注目度がさらに高くなっています。今後、需要が高まっていくことでしょう。

三色和金・四つ尾／埼玉県産。腹に巻いた赤が背に達するかのような奇抜な柄が印象的

銀鱗三色和金／埼玉県産。赤と黒が極端に少ない個体。オスは黄色みを増し、単に三色とは呼び難い姿へと変貌していきます

金魚の品種 ● 三色和金

三色和金／埼玉県産。赤と黒を基調とした変わり柄。埼玉県産の個体はこのような変わった柄が多く、奇抜な色合いをした個体を探している人には特にお勧めな生産地

三色和金・フナ尾／埼玉県産。このような丸みを帯びた個体も稀にいます。選別淘汰の対象になりそうな個体でも需要はあるという1尾

三色和金・フナ尾／埼玉県産。赤が黒に隠れ、独特な色合いを見せる「いぶし銀」な個体。黒と背の浅葱色が混ざり、ブルーグレーの渋い色合いがすばらしいです

三色和金・四つ尾／埼玉県産。黒がほぼ見られませんが、前後半で赤と白に染め分けられた柄は非常に稀。面被り（カシラから胴体前半が赤く後半が白い更紗模様）という金魚用語がありますが、この個体はさしづめ「面被らず」

三色和金。男性にとにかく人気な赤と黒のツートンも当然存在します。鱗の光り具合は好みが分かれるポイント

日本人好みの幽玄な色合い。透明鱗の割合が多く、派手さを伴わない表現を好む飼育者も多いです。ほんのりと乗る口紅も美しく、鰓に入る光沢がさりげない主張のようでかわいらしい仕上がりに

三色和金。普通鱗の多い個体。上の個体よりも派手なものの普通鱗には黒が乗りにくいため、ややコントラストが明るくなってしまいます。このあたりが個体選びの難しいところ

背の浅葱色と黒が混ざった表現。散見される赤の発色も濃く、かといって邪魔にならないくらいのわずかな面積であるため、変わった柄であるにもかかわらず落ち着いた印象

半透明鱗の金魚に見られる水ようかんのような淡い色みが柄とマッチした個体。三色を構成する赤の発色1つとってみても、単に赤とは呼べず、レンガ色のような暗めの発色を見せています

ほぼ全身が透明鱗になっている個体。赤が蛍光色のような発色を見せており、それは地色に関係するものと思われます。ほんのりとピンク色に色づくのも透明鱗の特徴の1つ

※全て埼玉県産

金魚 Gold Fish

桜和金

さくらわきん
SAKURAWAKIN

桜和金・フナ尾／埼玉県産。紅白が滲んだような美しい柄を持つ桜和金。淡い色合い、細かな模様は観賞の面でどのような金魚とも相性が良いと言えるでしょう

桜和金・フナ尾／埼玉県産。段模様を持つ非常に観賞価値の高い個体

桜和金・三つ尾／愛知県弥富産。更紗の系統でも稀に半透明鱗の個体が出現することも。更紗和金の中に透明感のある個体が泳いでいたら要注目

三色和金と同じく、江戸川、埼玉などで主に生産されている和金のバリエーションの1つ。半透明鱗の遺伝子を持ちながら、黒を発色しない紅白柄の品種。ポイントで黒い発色が見られることから、三色和金を生産するうえでの副産物としても捉えられています。全透明鱗から銀鱗の個体まで幅広く存在するので探し甲斐のある品種。全透明鱗の個体は黒目をしていることが多く、女性や子どもにも人気。かわいいうえに和金特有の力強さも備わっています。

中国和金

ちゅうごくわきん
CHUGOKUWAKIN

更紗中国和金・四つ尾／中国上海産。中国和金が初輸入された際の写真。27〜28cmほどの大迫力の個体が輸入され、衝撃的でした。胴体は細身で体高がありましたが、尾の完成度はまだまだといったところ

更紗中国和金・四つ尾／中国上海産。中国和金は体高と緋色の濃さに重きを置いてると思われます。流通量が極端に少なく今後の増加に期待

日本の和金を元に中国で系統づけられた品種。中国といえば、丸い金魚を生産しているイメージがありますが、近年長手の生産にも着手しています。中国で古来より「ブンギョ」と言われる品種（琉金が長くなったようなもの）がいますが、それとも違い凛々しい和金の姿をしています。上海が主な生産地。

その他の和金

OTHER WAKIN

金魚の品種 ● 桜和金／中国和金／その他の和金

白和金・フナ尾／愛知県弥富産。素赤・更紗が主流の和金ですが、探してみると純白の個体などもいます。選別淘汰の対象となるものの飼育してみると意外にも観賞価値が高いです。和金の作り手として有名な養魚場の個体であれば、立派な体型をしている個体も見られます

もみじ和金・フナ尾／埼玉県産。主に江戸川・埼玉で生産されている網透明鱗の和金。フナ尾と三つ尾が見られ、どちらも安定して流通します。白が混ざる紅白模様の個体は流通が少なく、探している飼育者も多いのではないでしょうか

シルク和金・四つ尾／埼玉県産。シルクの名称で流通する白透明鱗の個体。ほぼ全透明鱗のため目は黒く、かわいらしい印象。フナ尾、三つ尾などが存在し、流通は少ないです。このような体高のあるしっかりした体型の個体は希少

三色和金・フナ尾／埼玉県産。三色和金として入荷したものですが、体高があり吻が極端に鋭いです。こうした個体は大型になると非常に迫力が出るため、男性の飼育者から人気を集めています

青和金・三つ尾／埼玉県産。希少な青文色の和金。独特な品種を維持している福島養魚場の金魚です。茶斑には個体差が見られ、完全な青一色の個体なども存在します

レモン和金・フナ尾／静岡県浜松産。金の魚とはまさにこのこと。見ための華やかさ、異質な色合いから人気が高く、さまざまな販売店に並びます。どのような和金と泳がせても違いを楽しめる1尾。黄更紗は希少なため、気になったら入手したほうが良いです

Gold Fish

埼玉を代表する生産者、平賀養魚場のコメット。小型の個体が大量に流通し、金魚飼育者ならずとも馴染み深い品種ではありますが、こういった個体に出会うと系統維持されているからこその品種だと言えます

同魚／埼玉県産。複雑な模様が入る美しい個体。頭も小さく体高のある個体は迫力満点。迫力だけではなく、程よくくる口紅が上品な1尾。両側面の雰囲気も似ています

コメット／中国広州産。小型の個体は、中国産のコメットが主流と言っていいほど流通しています

コメット

こめっと
COMET

　アメリカから逆輸入された経緯を持つ変わった品種。日本からアメリカへ琉金を輸出し、フナと交配させ作出されました。吹き流し尾と呼ばれる長い尾は、コメットや朱文金のみが持ち合わせる特徴です。和金ほど体高はなく、胴体と尾を見れば容易に判別ができます。しかし、金魚の元になっているフナがアメリカに泳いでいるとは思えませんが、当時のアメリカの生産者はフナも輸入していたのでしょうか。その点は気になるところです。名前の由来は"Comet（彗星）"ですが、長くたなびく吹き流し尾を彗星に見立てて名付けられています。コメットは更紗が基本色であり、更紗コメットとは呼ばれません。赤や白は養魚場段階で淘汰されるため、市場にはあまり出回らない金魚です。どの個体にも言えることですが、泳ぎはすばやく、尾が長いため優雅に見えます。手で追いかければ想定外のスピードで逃げられてしまいます。金魚界随一のスピードを誇るので、捕まえる際は網が必須。なお、追ったりしなければひらひらと泳いでくれます。その優雅な泳ぎは、もちろん水槽飼育でも存分に楽しむことができます。流通するサイズは5〜20cmと幅広く、飼育環境に応じた個体を探せるのも強み。和金同様、強健で食も太く大型化する傾向があるので、ゆくゆくの水槽サイズを意識し飼育することをお勧めします。和金や朱文金などと混泳させると、容易に美しい水景を作り上げることができます。

その他のコメット　OTHER COMET

金魚の品種 ● コメット／その他のコメット

アイアンコメット／愛知県弥富産。キャリコとキャリコを掛け合わせると、成長しても褐色せず鉄色のままの個体が出現します。つまり、朱文金と朱文金を系統維持していると出現する個体たちです。アイアンやブロンズ、黒などの名称で流通します

アイアンもみじコメット／埼玉県産。アイアンコメットの網透明鱗の個体。透明鱗になるだけでここまで色合いが変わってくるのが不思議なところ。安定した流通は望めそうにないので、見かけたらぜひとも入手したい1尾

黒柳出目金／中国広州産。柳出目金という品種名ですが、目の出たコメット、つまり出目コメットです。中国から輸入されてくるものがほとんどですが、国産の個体も流通しています。コメットから突然出現したものではなく、「出目コメット」として系統維持・生産されていると思われます。赤や更紗もいますが、メインは黒だと思われ、今後カラーバリエーションが増えてくるかもしれません

レモン柳出目金／中国広州産。近年流通し始めた新しいカラーバリエーション。何便も輸入されているので、完全に固定されているものと思われます。スカッとした清涼感のある黄色は今後人気が出そうな品種

桜コメット／埼玉県産。桜コメットとして流通していた個体。朱文金などの副産物としての見方もできますが、安定して出荷されている点から系統としてしっかりと生産されていると感じます

銀鱗コメット／愛知県弥富産。一見、桜コメットの普通鱗が多い個体のようにも思えますが、同じサイズの個体が一度に大量に流通しており、表現は安定しているようです。生産箇所が少なく、常々に流通しているものではないですが、今後はより煌びやかなコメットとして注目を浴びていくことでしょう

銀鱗シルクコメット／静岡県浜松産。シルクコメットと呼ばれる白一色の全透明鱗個体がいますが、写真はシルクコメットの発展形。各鰭が長いのが印象的です。こういった複雑な表現を持つ個体は、品種としての系統維持が難しいように思えます。1点ものとして見ておいたほうが良いでしょう

レモンコメット／千葉県産。金魚の名にふさわしい体色のレモンコメット。その見ための華やかさから人気が高いですが、コメットと呼べない個体が流通しているのも事実。フナ尾のように短くなっていたり、顔がやけに丸みを帯びていたり。ひと括りにレモンコメットとされますが、色の濃淡はさまざま

その他のコメット

OTHER COMET

レモンコメット／静岡県浜松産。こちらもレモンコメットですが、異常なほどに色が濃い個体。体高が低く顔つきが丸みを帯びているのも特徴。生産地ごとに容姿が異なってくるので、飼育者はその差異に目を向けてみるのも楽しいです

もみじレモンコメット／埼玉県産。レモンコメットの網透明鱗の個体。網透明鱗の性質によって目は黒目勝ちになり、鰓蓋が透けています。かわらしく人気が高いですが、生産量が少なく流通が安定的ではありません。白の混じった黄更紗は希少

鹿の子コメット／中国広州産。更紗で系統維持している、養魚場で出現する柄。その中でもより出現しやすい系統があるようです。日本でも埼玉県をはじめ弥富や浜松でも時折見かける柄

フェニックステールコメット／中国上海産。広州産の個体に比べてカラーバリエーションが多い印象。同じ便で銀鱗三色や桜も存在しました。また、各鰭がより広く伸長する点が印象的で、大型個体は圧巻の姿となるでしょう。こちらも輸入は稀

フェニックステールコメット／中国広州産。不死鳥の名を冠した中国でのみ維持されている系統。尾鰭だけでなく、各鰭が広く伸長することからこの名称で流通します。近年見られ始めた表現で琉金やオランダにも定着しようとしています。この個体は一大産地のひとつ、広州で生産されている更紗系統ですが、輸入は稀

Gold Fish

金魚

金魚の品種 ● その他のコメット／朱文金／ブリストル朱文金

朱文金

しゅぶんきん
SHUBUNKIN

朱文金／愛知県弥富産

朱文金／中国広州産。最も長い付き合いのできる品種で、全く同じ模様をした個体はいません

明治時代、100年以上前に作出・発表された日本金魚の傑作。キャリコ出目金、和金、緋ブナを用いて作出されたと言われています。和金に類似した胴体を持ち、尾は長く優雅な泳ぎを見せてくれます。生産地を問わず、どこでも入手が可能なごく一般的な品種。モザイク透明鱗に赤・白・黒・青の配色が成されているので個体差が激しくコレクション性が高いです。浅葱色の美しさは金魚随一とされ、その青さに惹かれるマニアも多いです。産地によっても特徴が異なります。朱文金は非常に強健かつ長命として知られ、15才まで悠々と泳いでいる個体も多く、中には20年以上生きた個体がいるほど。水槽飼育で最大サイズになることはあまりないため、成長に応じた水槽環境さえ意識していれば90cm水槽で終生飼育が可能です。中国からも輸入されており、良質な個体を見かけます。ただし、配色の良い正統派の朱文金は国産のものに多いです

ブリストル朱文金

ぶりすとるしゅぶんきん
BRISTOL SHUBUNKIN

ブリストル朱文金／埼玉県産。小さな個体でここまで美しい尾を持つ個体は珍しいです。色柄も申し分ない良魚

浜松ブリストル・透州錦／静岡県浜松産。雑色性の品種ゆえに系統によっては色柄の個体差が著しいです。写真は同じ親から同時期に生まれた2尾。

日本から輸出した朱文金を元に、イギリス・ブリストル地方で作出された品種を逆輸入したかたちです。尾がハート型になっており、吹き流し尾やフナ尾が主流だった長手金魚の中で初輸入当時はひときわ注目を集めました。価格がこなれてくると同時にハート尾の質も下がり、フナ尾のような個体や尾が垂れた個体などがブリストルの名で流通してしまうケースも。埼玉県では今もなお、すばらしい個体が生産されています。

アイアンブリストル／埼玉県産。半透明鱗の個体同士で繁殖を行うと出現する鉄色の個体。褪色しない個体が多く、大きく育った姿は迫力満点

水槽で楽しむ 錦鯉・金魚

金魚
Gold Fish

更紗琉金／長野県産。素赤が主体ですが緋の濃さを武器に人気が高く、さらには更紗の個体も多く見られます

更紗琉金／長野県産。浜松に取材に訪れた際も飯田琉金が大量にストックされていました。これだけ安定して流通していると飼育者も選ぶのに困ってしまうほど。紅白の二色展開ではあるものの、バリエーションに富んでいます

琉　金

りゅうきん
RYUKIN

　中国から沖縄に渡り、九州に持ち込まれたと言われています。中国原産ですが、沖縄を経由したことにより「琉金」と名付けられました。日本国内の金魚産地のほとんどで琉金の生産がなされており、全国どこの販売店でも出会うことができます。また、金魚すくいでの当たり枠としての需要も高く、小赤に混じって少数が泳いでいることが多いです。俗にキャメルバック（ラクダの背中）と言われるとおり肩の盛り上がりが顕著であり、肉瘤が発達しません。吻先が鋭く肩が張るせいか格好の良い金魚を好む人の手に渡るケースが多いように感じます。和金よりも丸い体型をしており尾が長いため、ゆらゆらと優雅に泳ぐ点、体が丸いため大きくなり過ぎないことも飼育者が多い理由として挙げられます。ファミリーから長年金魚を飼育している愛好家まで、とにかく幅広い層に人気が高い品種です。これは「飯田琉金」と呼ばれる長野県飯田地方で生産されている琉金の功績が非常に大きなものだったと考えられます。小琉と言われる5cm前後の琉金は通常まだ色が揚がってない個体が多く、橙色のイメージですが、飯田琉金は小さなうちから緋が濃く、更紗も多く流通します。小さくて飼いやすく、きれいとあって爆発的な人気があります。時期にもよりますが在庫している販売店も多いので、ぜひ探してみると良いでしょう。強健な品種であり、飼育環境だけ整えられれば問題なく飼育できますが、あまりにも丸い個体や尾の付け根の位置が高い個体などは転覆症に注意する必要があります。

金魚
Gold Fish

金魚の品種●琉金／キャリコ琉金

琉金
RYUKIN

飯田琉金・猩々／長野県産。輸送直後の飯田琉金。通常、金魚や熱帯魚の観賞魚は暗所で長時間を過ごしたり、適度なストレスがかかると色が一時的に抜けてしまうものです。飯田琉金はその色の濃さが人気の要因で、なおかつ輸送しても体色を保っています。非常に強健で飼育しやすいうえに、見ための美しさを兼ね備えているすばらしい系統です。また、写真の個体のように鰭先が白くならない表現は猩々（しょうじょう）と呼ばれファンが多いです。猩々が出現しやすいのも飯田琉金の特徴の一つ

更紗琉金／愛知県浜松産。浜松にて出品された更紗琉金。このように顔立ちが丸みを帯びるタイプも見られます

更紗琉金／埼玉県産。当歳の若い琉金はコロコロしていて実にかわらしいです。発色も始まったばかりで、その見ためからも若さが伺えます。より育成を楽しみたい場合は当歳を選んでみるのも良いでしょう

更紗琉金／長野県産。本来、琉金はこのように顔が小さく鋭い吻を持ち、肩が盛り上がるものが良いとされており、実際にそれに沿っている個体のほうが貫録があります。ただ、小さいうちはそのどれもが非常にわかりづらく、パッと見ただけでは判別が難しいです。若いうちからこのような姿になっていれば将来性が高いと言えます

キャリコ琉金
きゃりこりゅうきん
CALICO RYUKIN

キャリコ琉金／埼玉県産。国産でも見る機会の減った三色の琉金。現在でも系統維持されている品種は完成度が高く非常に見応えがあります。これは平賀養魚場の個体で、緋も強く青も広く入る高品質の1尾

琉金に三色出目金を交配し作出された品種（1903年発表）。体型や鰭などは琉金と同様で、体色が赤・白・黒・青などが混ざる半透明鱗の雑色となっています。琉金ほどは生産されていないものの、国産、中国産共に流通します。体高があり、水槽での観賞も抜群に良く、更紗の琉金などと混泳させるとなお見栄えが良いでしょう。飼育も難しくなく、琉金と同様に強健で飼育しやすい品種です。

金魚 Gold Fish

桜琉金

さくらりゅうきん
SAKURA RYUKIN

桜琉金／愛知県弥富産

桜琉金／埼玉県産。変わった柄の個体で胴体中央にいっさい赤が入らず、頭と尾筒が真紅に染まっています。半透明鱗との相性も良く、非常に見栄えの良い1尾。こうした一風変わった個体を探すのも「桜」品種のおもしろいところかもしれません

桜琉金／愛知県弥富産。流通のほとんどを占めるのは弥富産の個体。黒が発色している個体も時折見られるので、キャリコ琉金の副産物も混ざっているのかもしれません。桜を追い求めるのならば、鰭などに黒が入っていない個体を選びましょう

　半透明鱗、あるいは全透明鱗で紅白の模様を持つ琉金。キャリコを生産するうえでの副産物とも言えます。透明鱗特有の明るい緋色をしており、黒目の個体が多いといった点から女性に人気が高いです。埼玉や弥富、浜松でも生産されていますが、見る機会は少ないです。その中でも美しい紅白模様を持つ個体は少なく入手は困難。1点ものを探すのであれば、「全透明鱗で普通の目」や「半透明鱗で黒目」などを探してみると良いでしょう。紅白のバランス、どちらの透明鱗なのか、それにより見方が全く異なります。

もみじ琉金

もみじりゅうきん
MOMIJI RYUKIN

もみじ琉金／埼玉県産。白の入りかたが独特な個体。特に顔周りのクマドリ模様は珍しい表現をしています。生産量の少ない品種なので、好みの個体に出会える機会は少ないです

もみじ琉金／埼玉県産。網透明鱗の紅白に黒が入った三色のもみじ琉金。高温や成長過程において黒は抜けてしまうかもしれませんが、変化も楽しめます

　網透明鱗を持つ琉金で、埼玉県吉岡養魚場などが主な生産場として挙げられます。鱗の中心部分にのみ光沢が見られる表現で、鱗の外側（外郭）だけが透明鱗。これはどの品種名にも総じて言えることなので、「もみじ＝網目状の透明鱗」と覚えていただければよいです。一時期、全透明鱗の金魚も「もみじ」と呼ばれており、金魚専門店以外の販売店では混乱を招くこともありましたが、今では網透明鱗こそが「もみじ」として位置づけられています。黒目がちな個体が多く、女性やファミリーにも人気です。

金魚の品種 ● 桜琉金／もみじ琉金／江戸茜／黄金魚

江戸茜 (アルビノ琉金)

えどあかね
EDOAKANE

江戸茜／愛知県弥富産

　江戸茜と呼ばれており、アルビノ琉金とどちらの名前でも販売されています。中国でもアルビノファンテールなどの金魚は存在しますが、日本のほうが品種としての完成度は高いです。強健かつ飼育も容易です。

黄金魚 (黄金琉金)

きんぎょ
KINGYO

黄金魚(黄金琉金)／埼玉県産

　2014年に発表・流通を始めた黄金色の琉金。木村養魚場／埼玉が5年以上かけて作出したとされています。意識しなくとも目に飛び込んでくるゴールドカラーは正しく「きんぎょ」そのもの。まだ新しい品種であることから、入手は容易ではないですが、毎年しっかりと出品されています。「きんぎょ」とそのまま語ると混乱することがあるので、「黄金琉金」の名で販売しているお店が多いです。「きんぎょいますか?」ではなく「金色の〜」と切り出すなど、工夫して尋ねるのが良いでしょう。中には黄更紗(黄と白のツートンカラー)の個体もおり、さらに入手難とされマニアに人気です。

水槽で楽しむ 錦鯉・金魚

中国琉金

ちゅうごくりゅうきん

CHUGOKU RYUKIN

中国更紗琉金／中国広州産。中国琉金といえば広州産と言っても過言ではないほど広州は琉金のメッカです。このような美しい更紗琉金もリーズナブルな価格で日本に輸入されています。

ショートテール琉金、ブロードテール琉金の登場により影を潜めてしまった感が否めませんが、小型個体は国産の琉金に負けず多く流通しています。販売店などで見かける小さな琉金も実は中国産なんてことがよくあります。琉金というジャンルの中では自然な尾型であるため、飼育下でのトラブルは起こりにくいです。赤はもちろん、更紗や三色もいるので、あえて普通尾の琉金を飼育してみるのも楽しいです。小さなうちから体高のある個体は少ないので、購入の際のポイントは「肩の張りが良い」くらいにしておいたほうが気楽に選べるかもしれません。

中国更紗琉金／中国広州産。20cm近くあるにもかかわらずボディに難のない個体

中国更紗琉金／中国福建省産。ライオンヘッドなどで有名な福建省で生産されたもの。花房が大きい点や鰭の厚みがある点などが印象的

中国三色琉金／中国広州産。20cmを超えるサイズとはっきりとした色柄が非常に魅力的

中国三色琉金／中国広州産。ここまで三色の配分が偏っている個体は稀少。赤はまだしも白に関しては体側の鱗何枚かと腹側にほんの少しだけ発色しているのみ

中国更紗琉金／中国広州産。中国琉金最大の特徴でもある成長速度。この個体は3歳の表記で30cm弱あり、鱗の大きさ・色艶・鰭の状態からも若さが伺えます

LOWタイプの水槽で金魚を泳がせているところ。横からも上からも観賞できるタイプです

水槽飼育での上見の楽しみかた

　本書では水槽を用いて横見で観賞することを主眼に話を進めてきましたが、ここで水槽飼育での上見の楽しみかたを紹介します。水泡眼や蝶尾など上から見るために改良されてきた品種は数多いです。横見でも充分楽しめるのですが、せっかくなので上から見てみたい、けれどトロ舟のような大きな飼育容器は置けない…。ならば、水槽飼育で横見も上見もしてしまえば良いのです。具体的には、水槽の幅に余裕を持ち、高さを低くするだけです。お勧めしたいのは横幅60cm以上の背の低い水槽です（らんちゅう水槽とも呼ばれます）。奥行きの短い水槽を選べば、部屋の中でもスペースを取りません（奥行きの短い水槽の場合は、レイアウト素材を用いても少なめにしましょう）。遊泳スペースは確保されているので、背が低くなったことによる水量の減少も60cm以上の横幅を選択することで確保できます。水面から金魚までの距離が近いため、観賞しやすいのもポイントです。底床を敷かなければ、このような楽しみかただって可能なのです。

水槽底に白地に黒い竹があしらわれている絵柄のバックスクリーンを貼りました。横から見ると見えませんが…

上から見たところ。絵の中を黒オランダが泳いでいるように見えます

金魚
Gold Fish

更紗ショートテール琉金／中国広州産。更紗模様が美しいのはもちろん、顔が小さく肩のせり出した体型がすばらしい良魚。赤や更紗の個体は多く流通しているので、良魚に出会う可能性は高いです

猩々ショートテール琉金／中国広州産。尾先まで赤い"猩々"と呼ばれる表現。赤の濃さも映え、素赤の良さを再認識させられます。

更紗ショートテール琉金／中国広州産。赤が多く入らないながらも各鰭や頭部など要所に入ることで個性が出ています。特に尾に入る赤は美しく、六鱗風として人気があります

ショートテール琉金
しょーとてーるりゅうきん
SHORT TAIL RYUKIN

　主に中国で生産されている、2000年代に初輸入された比較的新しい品種。その名のとおり尾がきわめて小さいです。日本国内では選別淘汰されてしまいますが、中国ではらんちゅうやライオンヘッドをはじめとし、尾の短い金魚はむしろ人気が非常に高いです。尾を短くしようといった概念の元に改良されている品種で、副産物というより狙って生産されているのです。普通の尾をした琉金のほうが見る機会が少ないほどで、そこには「尾は短くなければ〜」という概念が存在します。上見では通常の尾よりも見栄えがしなくなり、横見での観賞に特化した品種と言えます。本家琉金と同様に、肩は盛り上がったキャメルバックが良いとされます。中国国内でもさまざまな産地で生産されていますが、特に広州産のものが人気が高いです。販売店などでは、「ショートテール」「ST」「S/T」「だるま」の表記で店頭に並びます。

　本品種を飼育するうえで最も気をつけなければならないのがバランスです。尾が短いせいか泳ぐことが苦手そうな印象を受けるかもしれませんが、見ため以上に速く泳ぎます。むしろ、俊敏に小回りが利いた泳ぎを見せてくれるほどです。泳ぎに関しては全く問題ありません。ただ、転覆症と呼ばれる症状に陥ることがあり、いったん症状が出るとなかなか改善できません。1つの予防策として、販売水槽の前で傾きがないかを観察する必要があります。泳いでいる時は何ら問題がなくても、静止した瞬間に前後左右

金魚の品種 ● ショートテール琉金

更紗ショートテール琉金／中国広州産。上から見て良いものでも水槽内に導入すると肩が張っていなかったり、腹部の美しい柄に気づかなかったりするものです。逆も然りで、横見でイマイチだったとしても上見で化けることもあります

更紗ショートテール琉金／中国広州産。上見だと赤勝ち更紗に見えなくもないこのような個体も水槽に入れると一変し、このようなすばらしい体側腹部の複雑な模様を観賞できます

白ショートテール琉金／中国広州産。見事な体躯を見せる白一色の個体。「白は淘汰」はもう古く、最近ではむしろ白単色の人気が高いほど。どのような体色の金魚とも差異があり、水槽内での観賞面での立ち位置は黒や青などに近いと言ってもいいでしょう

小豆更紗ショートテール琉金／中国広州産。このような赤が点在する模様は小豆更紗(あずきさらさ)と呼ばれ、非常に人気が高いです。更紗の中に混じっていることもありますが、基本的には1点ものとして扱われています

更紗ショートテール琉金／中国広州産。赤／更紗と表記された個体群の中にも、このように鹿の子模様が浮いている個体が混じっています。鹿の子の面積が広いものも稀に見られるため、更紗とはいえ入荷直後は鹿の子模様や猩々などの1点ものを探し出す絶好の機会

に傾いているかどうかをチェックしてみましょう。顔と尾に真横に直線を引いたかのように佇んでいる個体であれば、飼育していくうえでトラブルが発生する確率を減らすことができます。尾の付け根が高すぎないかもチェック事項。顔と同じ高さから尾が出ている個体を選びます。また、尾鰭全体が上方に跳ねている個体は転覆症に陥りやすい傾向にあるので、同時にチェックしたいところです。

Gold Fish

三色ショートテール琉金／中国広州産。普通鱗と黒がそれぞれバランス良く点在した美しい個体。赤の少ない個体ですが、近年、このツートン（モノトーン）体色が人気を博しており、生産者側もそれを意図して選別している背景があります

銀鱗三色ショートテール琉金／埼玉県産。国内でもこれだけ横見に特化した個体が生産されています。透明鱗も見受けられ、褪色しにくい非常に観賞価値の高い個体

三色ショートテール琉金／中国広州産。赤が腹部にのみ表現された変わり柄個体。体側中央を黒が陣取っていますが、半透明鱗の由来の黒がどれだけなのかが不明。こういった個体は褪色の予想もできません

三色ショートテール琉金

さんしょくしょーとてーるりゅうきん
SANSHOKU SHORT TAIL RYUKIN

ショートテール琉金のバリエーションの1つ。中国金魚はさまざまな表現を持つ個体に溢れ、単に三色としているものの、見ためが全く違う個体ばかりです。入荷するたびに個体差があるので、水槽内に個性が出やすい品種。こんな体色の金魚なんていないだろうなんて思っていると、意外と見かけたりするのが中国金魚の魅力の一つ。銀鱗三色や桜銀鱗が流通するようになり、三色にも再びスポットが当たっています。青みがかった日本人好みの幽玄な色彩を見せる個体もいます。

三色ショートテール琉金／中国広州産。みごとなまでの濃い発色を見せる三色の個体。半透明鱗の特徴は透明鱗のほうが色みが濃く見えること。白は普通鱗、赤・黒は透明鱗に発色している箇所が多く、比率と配置が奇跡的に重なって、全体的に濃く見える非常に珍しい個体であると言えます

三色ショートテール琉金"窓"／中国広州産。ゼブラ（半透明鱗で赤と黒のツートン）としてもよいと思わせる非常に珍しい配色を見せる個体。引きで見るとタイガーですが頭部が白いです。頭部がきれいに白く抜けることを"窓"といい、三色などの複雑な配色の中で表現されると、いっそう見ためが良いです。ここまで窓が際立つ個体はそういません

金魚の品種 ● 三色ショートテール琉金

銀鱗三色ショートテール琉金／中国広州産。普通鱗の多い銀鱗タイプの個体。赤の発色もすばらしく、半透明鱗の特有のコントラストが抜群。黒の質が気になるところですが、飼育してみないと褪色するかどうかは見えてきません

銀鱗三色ショートテール琉金／中国広州産。銀鱗三色の若い個体。銀鱗三色は非常に人気があり、かつ大型個体は高値で取引されることから小型個体は流通しないと思われがちですが実際はそんなことなく、当歳〜2歳でも流通し、三色に混ざっていることもよくあります。成長するにつれ、変色していくかもしれないというリスクも多少ありますが、宝くじを買うようなもので、将来褪色せずに育ってしまえば金の卵だったというわけです

銀鱗三色ショートテール琉金／中国広州産。黒勝ちの銀鱗三色を当歳から飼育し始めて黒が抜けてしまった例。全身が黒に染まっていて格好いいなぁと思っていたところ、みごとに褪色しきって体側の赤が露わになってしまいました。これはこれで見栄えがよく気に入っていますが、鼻先に残った黒が少しばかり小馬鹿にしているような気も

銀鱗三色ショートテール琉金／中国広州産。黒の迫力がすさまじい超1点もの。顔に若干の白い発色が見られますが、特筆すべきは腹部まで黒い点。黒系の銀鱗三色で腹部まで黒くなっているものはひと握りです

銀鱗三色ショートテール琉金／中国広州産。銀鱗三色で最も希少なカラーバリエーション。赤と黒がそのほとんどを占め、白がほぼ発色しない個体です。銀鱗三色を探し始めるとすぐ気付くと思いますが、白勝ちの個体や黒が薄い個体、また、黒がほとんど見られない個体が多いです。このような全身が漆黒に包まれたタイプはごく稀にしか流通しません。小型個体ならまだ見る機会は増えますが、褪色のリスクが高いです

三色ショートテール琉金／インドネシア産。東南アジアでも盛んに生産され始めました。系統の影響かさっぱりとした柄が少なく、みな複雑な模様をしたいぶし銀な個体ばかり。毒々しい体色を見せる個体は変わった金魚を探している飼育者にドハマりなようです。いろいろな金魚がいて、さまざまな飼育者がいて、三者三様で金魚を楽しめるのだから、どんな金魚も行きつく先があるとホッとしてもいいのかもしれません

銀鱗三色ショートテール琉金／中国広州産。鮮やかな配色を見せる銀鱗三色の個体。体側中央から背にかけての部分が色彩に富んでいます。赤・白・黒が複雑に絡み、かつそのほとんどが普通鱗であることが条件という希少な個体。通常ここまで複雑な柄になっている個体は、その見栄えの良さから1点ものとして高値で取引される傾向にありますが、この個体に関しては三色の個体群に混じって輸入されたもの。このようなド派手な金魚の入手を切望している飼育者も、ふと三色の水槽に目を向けたくなるのではないでしょうか

三色ショートテール琉金"総銀鱗"／中国広州産。ほぼ桜柄なのですが、鰭の黒が強い主張をしていたため三色ショートテール琉金の名で販売されたもの。半透明鱗の系統ですが、透明鱗は1枚もありません。キワがはっきりせずにこのような複雑な模様をしています。更紗の系統であればこのような柄は出現しないことからピカピカの紅白で模様が複雑な個体は三色の中から探す必要があります。三色であるものの黒を発現せず、半透明鱗ではありますが透明鱗がないという、きわめて特殊な1尾

金魚
Gold Fish

桜ショートテール琉金／中国広州産。丹頂のように頭部に真紅が入った美しい白勝ちの桜個体。半透明鱗の紅白にはこのような濃い赤が乗ることが多く、更紗や三色よりも顕著。色みが濃くなればなるほど実際の桜からは遠のきますが、観賞価値は高いと言えます。もちろん、実際の桜に近い、極力薄い紅白を示している個体も幽玄で美しい色合いを見せてくれます

桜ショートテール琉金

さくらしょーとてーる
りゅうきん

SAKURA SHORT TAIL RYUKIN

　ショートテール琉金のバリエーションの1つ。三色の副産物とも言えますが、そこで終わらせるには惜しい色彩豊かな品種です。国産の桜琉金などでもさまざまな表現が見受けられますが、中国の個体はさらに激しい差があります。半透明鱗で普通鱗が極端に多い個体を「銀鱗」と呼び、派手さは金魚界随一。熱帯魚や爬虫類など、他の生き物を飼育している人でもひと目で興味を持ってしまう、非常に魅力的なバリエーションです。黒がわずかに入る個体でも桜として流通します。「それは桜ではない」という意見も多いですが、あくまで1つのバリエーションであり流通名を統一している面もあります。桜でも温度が下がれば墨が出てくる個体も見られるし、黒が出たからと

いって飼育に支障があるわけでもありません。たとえば黒い点が片面なんかにポツンとあっても、飼育者が「桜」と見染めたのであれば、それは「桜」で良いと思います。それが「三色」だったとしても誰も損をしません。

上個体の逆体側

金魚 Gold Fish

金魚の品種 ● 桜ショートテール琉金

桜ショートテール琉金／中国広州産。普通鱗の割合も程よく、背鰭や尾鰭にもほんのり赤が入るバランスの良い個体。桜柄はこうした白勝ちの個体が人気が高いです。桜が散っているさまに似ているからでしょうか、そうしたリクエストを聞くと日本人らしい好みだなぁとつくづく感じます

桜ショートテール琉金／中国広州産。赤の面積が多く、体側に左右を2つに割る赤いバンドが入ったインパクトのある個体。体側にバンドが入るという面では、左の個体と似ていますが、赤勝ちか白勝ちかだけでこうも印象が違ってきます。普通鱗が多い点もポイントでインパクトをより強くしています

桜ショートテール琉金／中国広州産。透明鱗の多い赤勝ちの個体。赤の発色が強く、すっきりとした色合いを見せます。白勝ちと混泳させるとより美しい水槽になるのでは

桜ショートテール"銀鱗"／中国広州産。"銀鱗""総銀鱗"と呼ばれるタイプの表現で、普通鱗の割合が極端に高い品種。桜柄をはじめとする透明鱗の金魚特有のマットな質感はほぼなく、点在する赤が織りなす模様のみがそのままになっていることが多いので、更紗との見分けもわりと容易。複雑な柄をしたものが多く、初見でのインパクトは絶大

その他のショートテール琉金

OTHER SHORT TAIL RYUKIN

　ショートテール琉金の色彩豊かな世界は実に奥深いです。更紗・三色・桜の他にもまだまだバリエーションが存在しています。あまり見かけることのできない金魚ですが、探し出すと実におもしろくコレクション性が高いです。通常の輸入便に混ざって入荷することもありますが、中国国内で1点ものとして選別されたのちに輸入されることのほうが多いです。1点ものとして流通する個体は、高額だと感じるかもしれませんが、希少価値・輸送経路などからも、それだけの価値が充分にあるということは理解していただきたいと思います。

青ショートテール琉金／中国広州産。単色ではなく、青に茶斑が入った2色での表現で、茶色の表現がさらに増すと"メノウ"と呼ばれます。輸入当時にメノウ柄として来ていたものはみなこのような配色でした。今は淡い黄土色のような単色の個体がメノウと呼ばれており、呼び分けはされていません。中国では高貴なカラーバリエーションとされており需要が高く、輸入の少ない希少柄といえます

白黒ショートテール琉金／中国広州産。どんな生き物でも、白と黒のモノトーンで表現されている個体は人気が高いです。1点もの金魚の中でも白黒というのは頭抜けて確固たる人気を集めています。この個体は半透明鱗の三色で、赤が表現されていないツートン（いわゆる半透明鱗の白黒）ではなく、白ショートテール琉金に墨が入った個体。全ての鱗が普通鱗であり、黒が点在しておらず、目の上に赤が入っています。普通鱗の黒は褪色することがあるため、今後色の変化が起きる可能性も考えられます。それでもこのようなカラーバリエーションは珍しいです。仮に、この個体に透明鱗が点在して見えたなら、その希少価値はさらに跳ね上がるでしょう

白黒丹頂ショートテール琉金／中国広州産。こちらは半透明鱗のほぼ白黒のツートンで表現された個体。黒がやや少ないですが、体側の透明鱗、目の光沢の入りかたなどから半透明鱗の個体であることがわかります。残念、赤が入ってましたと言われそうですが、丹頂のように入ったことで白黒のツートンより希少価値が高まってしまった1尾。このような偶然が重なった奇抜な色柄をした個体を小さな個体群から探し出すのも楽しいかもしれません

Gold Fish 金魚

金魚の品種 ● その他のショートテール琉金

トラショートテール琉金／中国広州産。"トラ"とは素赤に黒が乗った個体の総称。黒の面積には個体差があり、基本的には黒が多いほど価値が高いです。この模様は褪色過程での表現であるため、いかに黒が濃かろうがやがて赤になってしまう個体も多いです。大型の個体で黒が多い、または濃い個体は褪色しない見込みもありますが、必ずしもといったところ。青水や低水温での飼育で黒を深めることも可能なので、ぜひ実践してみてください

黒ショートテール琉金／中国広州産。"ブロンズ""アイアン"などとも呼ばれる、半透明鱗の三色同士の交配から出現する鉄色の個体。退色はせず、黒から金の間を変色します。保護色機能が強く、水槽環境のコントラストや色合いにより色みを変化させやすい金魚。理由は定かではないですが、寿命が近づくと急に赤の発色が始まる個体もいます。赤系、三色、他の変わり柄とも違う、水槽に1尾入れておきたい金魚です

トラショートテール琉金／中国広州産。透明鱗の点在が確認できるでしょうか。素赤に墨が入ったわけではなく、半透明鱗の三色の表現で白が発現されていないのです。ここまできっちりと地色が赤のみで表現された個体は非常に珍しいです。この黒は褪色しやすい黒ではなく、三色のうちの黒、つまりは抜けにくい黒だと言えます。当歳の個体群の中ではわりと見つかるカラーバリエーションです

メノウショートテール琉金／中国広州産。淡い茶色のような色合いの比較的新しい表現です。メノウとして輸入されるタイプですが、従来輸入されていた茶と青のツートンの表現とは違い、単色。青文色由来であり、時折茶色の斑紋が入っている個体がいます。また、黒と間違えられることが多いのですが、黒よりは淡いです。黒が色抜けして金色になるのに対し、メノウは淡い茶色を保ち続ける特徴があります。流通量の少ない非常に貴重なカラーバリエーションです。

ブロードテール琉金／埼玉県産。国内でもブロードテール琉金は生産されています。今後も安定して生産されていくと思われます

褪色途中の黒が残る個体もいますが、温度上昇と共に抜けてしまうことが多いです

ブロードテール琉金

ブロードテール琉金

ぶろーどてーるりゅうきん

BROAD TAIL RYUKIN

　主に中国で生産されている、2000年代に初輸入された比較的新しい品種。ブロード（broad）は「広い」の意で、その名のとおり横幅のある広い尾が特徴的。品種の作出過程は不明。一見、上見向きのように思えますが中国でも横見で観賞されています。強健かつ優雅であることから、日本国内でも非常に人気が高いです。優雅な尾を揺らし、カラーバリエーションも豊富。本家琉金と同様に、肩は盛り上がったキャメルバックが良いとされています。中国国内でもさまざまな産地で生産されていますが、特に広州産のものが人気が高く、「ブロードテール」「BT」「B/T」として販売されています。

　本品種を飼育する際に意識するべきポイントは体全体のバランスです。尾が広くなったことで抵抗を受けやすくなったため、泳ぎは通常の琉金よりもさらにゆったりとしています。一見泳ぎにくそうに見えるシーンもありますが、泳ぎ自体には問題ありません。他の琉金と同様に、転覆症に陥ることがあり、いったん症状が出るとなかなか改善できません。ショートテール琉金同様、販売水槽の前で傾いていないかを見る必要があります。泳いでいる際は何ら問題ないのですが、静止した瞬間に前後左右に傾いているかどうかをチェックしてみます。顔と尾に線を真横に引いたかのように佇んでいる個体であれば、飼育していくうえでのリスクを減らすことができます。尾の付け根が高すぎないかも要チェック。顔と同じ高さから尾が出ている個体を選びましょう。なお、トリカラーの個体を多く見かけますが、温度上昇と共に抜けてしまうことが多いです。

Gold Fish 金魚

金魚の品種 ● ブロードテール琉金

ブロードテール琉金。複数混泳させたい人の支持を集める素赤。素赤は味気ないと思う人もいますが、やはり金魚のイメージとして人々の印象に強く残る柄故の人気といったところでしょうか。変わった柄を集めていると、素赤がいないことが不自然のように思えてしまうのです。素赤が引き立つ、引き立てられる。これだけバリエーションが見られる横見観賞の世界で、バランスを取るために素赤を探し始めたら、そこそこ夢中になっていると考えていいのかもしれません

更紗ブロードテール琉金 "六鱗調" ／中国広州産。更紗でもひときわ人気の六鱗調。各鰭に赤が入り、口や鰓蓋にも赤が入ります。左の個体は鰓蓋が白く、六鱗調としてはやや惜しいですが、口紅と目の赤の主張が著しいため、非常にバランスの良い仕上がり。胴体もこれだけ丸みを帯び艶を見せていれば将来有望と言えるでしょう

白ブロードテール琉金／中国広州産。素赤同様、見栄えの良い真っ白な個体はそういないもの。オスは頭部または頭部と鰭が黄色く染まります。メスは全身真っ白なピュアホワイトに。どちらも単色ながらインパクトのある主張を見せるため、飼育数の多い混泳水槽などで重宝されています。白い個体のみで混泳させる飼育者もいます

更紗ブロードテール琉金／中国広州産。更紗を複数混泳させる場合は、白勝ちと赤勝ちを別物と考えたほうがベター。同じ年齢でも同じ系統でも全く趣きが異なってくるため、互いに引き立てあう関係になるからです。白勝ちばかりでは味気なく、赤勝ちばかりではうるさく感じてしまいます。調和のとれた配色がうまくいったら金魚が泳いでいる水槽そのものの観賞価値が一気に高まることでしょう

金魚 ブロードテール琉金　BROAD TAIL RYUKIN

Gold Fish

左：トリカラーブロードテール琉金／中国広州産、右：トリカラーブロードテール琉金／中国上海産。写真のように更紗に黒が入った個体をよく見かけます。これはキャリコの表現ではなく、更紗に黒が乗っている「トリカラー」と呼ばれるもの。キャリコというのは半透明鱗の三色であり、赤・白・黒で構成され、変色・褪色が起きにくいとされます。素赤や更紗に黒が乗る場合は、温度の低下、塩水浴の影響などが考えられ、それぞれ温度の上昇や塩分濃度の低下などで黒が抜けていく傾向にあります。黒のワンポイントに惚れ込んだ場合はその後の色彩変化に要注意。また、その可能性を知っておくと、個体選びもおもしろくなるかもしれません

左・中：赤ブロードテール琉金／中国広州産、右：更紗ブロードテール琉金／中国広州産。大型個体は頭部こそスッキリしているとはいえ、大きな鰭も相まって非常に迫力があります。水槽前面に押し寄せてくる姿は中国らんちゅうやセルフィンらんちゅうにも負けず劣らずの圧巻の存在

更紗ブロードテール琉金／中国広州産。鹿の子模様とまではいかないものの、赤が程よく点在した美しい柄を見せる1尾。口紅・胸鰭・尾にもほんのり色がつくなど、ポイントもしっかり押さえられています。こういった個体はひと握りしか流通しないので、頑張って探してみましょう

鹿の子更紗ブロードテール琉金／中国広州産。このような、鱗1枚1枚の中心部にのみ赤が入る個体を「鹿の子」と呼びます。鹿の子供の体側に出る斑紋が名称の由来。鹿の子模様は出現しやすい系統があるものの、基本的にはどのような更紗の系統にも出現する可能性があります。規則正しい赤の配置による不自然なほどの美しさから人気が非常に高く、希少価値も相応にあります。大型個体はもちろん見てくれで判断できますが、小型の個体は鱗が小さいので、外郭の変化がなく後々鹿の子に変化する個体でも素赤のように見えます。素赤のように見えてもややムラがあるので、同系統に鹿の子柄が出現していれば、その系統のムラあり更紗は鹿の子の卵に変貌します。もしかしたら安価な素赤の価格で、未来の鹿の子を入手できるかもしれません

金魚の品種 ● ブロードテール琉金／三色ブロードテール琉金

三色ブロードテール琉金／中国上海産。小さいながらも白の表現が少ないためか、迫力のある色柄を見せます。上海産の個体は尾が特徴的で若いうちからみごとに広げて見せてくれます。肩の盛り上がりが顕著な個体を選べば、リーズナブルにその優雅な尾を楽しむことができます

三色ブロードテール琉金

さんしょくぶろーどてーる
りゅうきん
SANSHOKU BROAD TAIL RYUKIN

ブロードテール琉金のバリエーションの1つ。ショートテール琉金ほどのバリエーションは今のところはないものの、さすがは中国金魚といったところ。さまざまな個体がいるので、吟味して選ぶと良いでしょう。小さな個体では黒が出ていないものもいるので、購入した時の体色のまま成長するわけではない点を頭に入れておいたほうがよいです。産地によってやや特徴が違ってきます。

三色ブロードテール琉金／埼玉県産。日本国内でも変わった柄のブロードテール琉金が生産されています。上見を意識したスタイルかつ系統ができて間もないことから肩の盛り上がりは弱く感じます。柄は1点ものと呼ぶにふさわしい個体が散見されます

金魚 Gold Fish

三色ブロードテール琉金　SANSHOKU BROAD TAIL RYUKIN

三色ブロードテール琉金／中国上海産。黒の表現がほとんどなく赤と白のツートン寄りに見えがちですが、背には半透明鱗特有の浅葱色が見られます。浅葱色の面積は個体ごとに変わり、このようなほんのり表現された色彩は大切にしたいところです。黒がいっさい見られないのにもかかわらず浅葱色はベッタリ出ているなんて個体もいるので、注目すべきポイントの1つに挙げたいです

三色ブロードテール琉金／中国広州産。中国産とてみな肩が盛り上がったスタイルを見せるわけではなく、撫で肩の個体も見られます。生産地によってさまざまですが、見極めの際はあまりに小型の個体だと想像ができないこともあるので、最低でも5cm以上の個体から選びましょう

三色ブロードテール琉金／中国福建省産。福建省産の個体は色柄がすばらしくも肩の盛り上がりが弱いです。尾の張りがすばらしい産地なので、肩にポイントを置いて選ぶと良いでしょう

銀鱗三色ブロードテール琉金／中国広州産。"銀鱗三色"と呼ばれる個体で、銀鱗とは半透明鱗の表現ながらも透明鱗の割合が極端に少ない個体のことを指します。どのような色柄でも引き締まってしまうため格好良く見える品種。普通鱗は濃淡のコントラストが出にくいため、単色またはツートンに見える個体が多いです

銀鱗三色ブロードテール琉金／中国上海産。普通鱗の多い個体は半透明鱗かの判別が難しいことが多いです。黒がしっかり発色している個体であれば、各鰭を見てみます。この個体のように鰭の骨（条）に対して平行に入っているものは半透明鱗、垂直に入っているものは普通鱗であることが多いです。時折、例外的な個体もいますが選別の際の参考に

金魚 Gold Fish

金魚の品種 ● 三色ブロードテール琉金

三色ブロードテール琉金／中国広州産。浅葱色の発育が非常に深い場所まで達しており、横見での観賞価値が抜群に高い1尾。上見での選別では浅葱色の深さに気付けなかったことでしょう

三色ブロードテール琉金／中国広州産。見る機会の少ないほぼ全てが透明鱗の個体。元々暗い色合いだったためか、マットな透明鱗の質感を受けてより暗い色合いになっています。少し体調が悪そうな色合いにも見えますが、腹の明るい白が「そんなことはない」と言っているようで非常にユニーク

三色ブロードテール琉金／中国上海産。仕入れで選別する際、長く金魚を素手で触ってしまうと、低温やけどを起こしてしまうので上見である程度の確信を得たら横から見ずに決定してしまうことも。だいたいの美しさが把握でき、一定の水準をクリアしていれば、過剰に負荷をかける必要はありません。腹鰭などの有無は手の腹で認識しています

三色ブロードテール琉金／中国広州産。みごとなまでの濃い色合いを見せる個体。尾の広がりが甘く、ブロードなのにやや短いといった印象でしたが、それを補うほどの発色に心を奪われてしまいました。このように、ここは今一歩だがここは120点、というような個性を爆発させる個体に会うたびに、1点もの金魚の楽しさを再認識させられます

三色ブロードテール琉金／中国広州産。半透明鱗の表現は黒目の個体が出現することがあります。嚙み砕いて言えば、目の周りも透明鱗といったところでしょうか。黒目の金魚は愛着もわきやすく、マスコットかのようなかわいらしさを見せてくれます。バチバチの銀鱗三色や浅葱色の効いたいぶし銀などを集めていると、そのうち手に入れたくなってしまうもの

三色ブロードテール琉金／中国広州産。非常に珍しい色柄。"黒鹿の子"と呼ばれ、黒が点在する表現です。半透明鱗の黒ではありますが、黒鹿の子に関しては墨と認識するべきであり、褪色することのほうが多いです。墨と本来の黒が混ざり合う異例の配色なので、どのように変化するかは未知数

銀鱗三色ブロードテール琉金／中国福建省産。更紗に墨が乗ったトリカラーのように見えなくもないですが、体側に透明鱗が点在している個体。墨が褪色し、桜柄に変色してしまう可能性があるものの、それはそれで見てみたい気もします

三色ブロードテール琉金"総銀鱗"／中国広州産。筆者が過去に入荷した個体で最も輝いていた総銀鱗の個体。ここまでくれば半透明鱗の三色の遺伝子かつ普通鱗が極端に多いということがご理解いただけるでしょう。体表の模様も更紗には見受けられない複雑な紅白の下地が確認できます。ちなみに透明鱗は2枚ほど確認できました

桜ブロードテール琉金"銀鱗"／中国広州産。とにかく見栄えの良い派手な"銀鱗"タイプの個体。半透明鱗の三色が由来となっているので、桜柄は普通鱗と透明鱗の混在する表現。普通鱗の割合が多い個体はこのように全身がピカピカに光っています。透明鱗はごくわずかに表現され、半透明鱗の表現であることが伺えます。半透明鱗の場合、赤と白の表現が「ベタッと」ではなく、「パラパラ」と点在することが多いです。その見ためは桜が散っているかのように美しく、白勝ちの個体では特に顕著に表現されることがあります。そのうえ、先述したように鱗が光っているその容姿は、さしずめライトアップされた夜桜のよう

桜ブロードテール琉金／中国広州産。透明鱗によるマットな真紅は赤の割合が多いほど迫力が出るもの。頭部に複雑な真紅を見せる個体は表情が出ておもしろいです。紅白の模様によってはずっと抜けたような、時にはずっと怒っているような表情を見せてくれます。模様により変わる個性を楽しみたいところです

桜ブロードテール琉金／中国広州産。赤勝ちの個体に迫力を感じるのに対し、白勝ちの個体は落ち着いた印象に見えます。欲しがり過ぎないわずかな緋色が透明鱗との相性も良く、穏やかな印象さえ受けます。赤勝ちの個体と混泳させると、どうにもおしとやかに見えてしまいます

桜ブロードテール琉金／中国広州産。赤でも真紅でもない橙のネオンカラーを見せてくれる個体。単体で見ると色の薄い個体に見えなくもないですが、実は非常に味わい深い色合いを見せてくれます。紅白の模様では重要かつ少数派な存在

桜ブロードテール琉金

さくらぶろーどてーる りゅうきん
SAKURA BROAD TAIL RYUKIN

　ブロードテール琉金のバリエーションの1つ。以前は、ショートテール琉金のように選ぶのに困るほど数多く輸入はされていませんでした。そのような品種でもある程度の個体差があるのが中国金魚の嬉しいところなのですが。現在では、5cm前後のサイズから20cm級までが流通しているので、飼育環境に合わせて個体を選べるほど。ショートテール琉金同様、"銀鱗"の個体も存在し人気が高いです。桜といっても黒が少し入っている場合もありますが、系統や表現での異常ではなく、名称に対する個人の価値観の問題です。ほぼ紅白だから「桜」か、黒が少しでもあるから「三色」か。その点は飼育者の判断に委ねるのが一番です。

桜ブロードテール琉金／中国広州産。柄のバランスが非常に良い個体。赤勝ちでも白勝ちでもない程良い配色の胴体に、桜柄をより強調する真っ白な尾。尾に赤が入っているほうが良いとされますが、桜の幽玄な色合いを楽しむには白いくらいがちょうど良いです

桜ブロードテール琉金／中国広州産。とにかく大きな個体も探せば見つかるものです。写真は20cm前後の個体。ブロードテール琉金の大型個体は非常に高価ですが、そのサイズまで育っている経緯もあり強健で飼育しやすいです。トラブルが起こりにくい個体は環境に慣れた大型個体なのかもしれません

金魚 Gold Fish

金魚の品種●桜ブロードテール琉金

桜ブロードテール琉金／中国広州産。乱れ桜とでも言うべきでしょうか、桜柄特有の緋色の点在が印象的。"小豆更紗"などとも呼ばれる1点ものを代表する柄です。このように透明鱗の割合が高いものはマットな質感を見せ、派手な柄ながらも、どこか落ち着いた印象

桜ブロードテール琉金"銀鱗"／中国広州産。こちらは赤が点在する希少な柄ながら普通鱗の割合が極端に多い銀鱗タイプ。ド派手な柄に光沢をあしらったインパクト特大なその容姿は、元気が出てきそうな気さえします。顔に複雑に赤が入る個体はいっそう迫力が増し、力強さを演出します

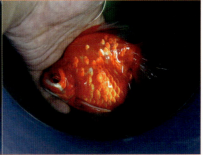

桜ブロードテール琉金"銀鱗"／中国広州産。選別の際は、このように横見を意識するようにしています。というよりも、横から見ないと表情が掴めないのです。銀鱗タイプを見つける時は概ねこのように持ち上げた瞬間。肩の盛り上がり、柄、鱗の表現、さまざまな横見での要素が盛り込まれた品種

桜ブロードテール琉金／中国広州産。更紗や三色などと混泳させる場合、あまり主張のない控えめな個体を選ぶのもおもしろいです。桜柄はシンプルな個体でも非常に見栄えが良いため、複数の金魚が泳いでいる水槽などには色の調和の意も込め入手しておきたいところ

桜ブロードテール琉金／中国広州産。緋が濃く非常に見栄えの良い個体。このような個体でも三色の中に混じっているのだから驚きます。緋の濃さは小さなうちから発現されていることが多いので、育成志向の愛好家は小さいうちから色みを意識しておくと良いでしょう

桜ブロードテール琉金／中国広州産。"桜"などの半透明鱗の品種特有の黒目がかわいらしいです。普通目(白黒)、黒目勝ち(やや白も混ざる)、黒目と個体差も激しいので、選び甲斐があります。基本的には普通鱗の多い個体には普通目が多く、透明鱗の多い個体には黒目が多いです

金魚 Gold Fish

その他のブロードテール琉金 — OTHER BROAD TAIL RYUKIN

　さまざまなブロードテール琉金を紹介してきましたが、一風変わった個体がまだまだ存在するので紹介します。これらのバリエーションはきわめて希少なため現実的な話をすると、入手を検討している時間がないことがほとんど。特殊な個体は競争率が非常に高く、販売店に入荷するや否や即完売となることが多いものです。あらかじめ販売店と相談しながら積極的に入手したいところですが、このような個体は不定期での流通になることが多いので、入手の際は導入して問題のない水槽環境が用意できていることが理想です。また、1点ものの個体はサイズにより価格が異なるために、ある程度大きく育った状態で販売されることが多いです。小型水槽への導入は難しく、水槽環境の再検討は必須です。水槽で優雅に泳ぐ姿を眺めていると、通常よく見る金魚とは全く趣が違うということに気づかされます。

白黒ブロードテール琉金／中国広州産。キャリコの表現ながらも全く赤が表現されていない個体。キャリコの1点もの金魚において最も人気が高く、最も流通が少ない品種です。半透明鱗のツートンはそれだけで十分魅力的。一部分に赤があるものの、ほぼ白黒で迫力のある個体は定期的に入荷しますが、完全なツートンにこだわる人には響かないものです

トリカラーブロードテール琉金／中国広州産。キャリコ表現ではなく、更紗に墨が乗った普通鱗の個体。キャリコ表現のロットに混じることはなく、赤や更紗などに混じって見られます。褪色が起こると更紗になる可能性も

トリカラーブロードテール琉金／中国広州産。同じくトリカラーの個体。半透明鱗の"三色"と区別するために"トリカラー"と呼ばれています。要は半透明鱗でない普通鱗三色の総称がトリカラーなのです。この個体は3歳で濃い色みをキープしており、地色も濃いことから褪色が発生しないことに期待できますが、そのような個体でも突然褪色が始まってしまうこともあります

金魚

Gold Fish

金魚の品種 ● その他のブロードテール琉金

ブロードテールシルク琉金／中国広州産。全透明鱗かと思いきや、部分的に光沢の入るスペシャルな1点もの。全透明鱗とは半透明鱗の遺伝子を持ち、普通鱗が表現されない個体のことを指します。つまり、遺伝子は雑色性のキャリコと同等のものを持っていると言えます（他の半透明鱗品種でも全透明鱗が出現しやすい系統があるようです）。この個体は胴体にいっさいの光沢が見られないのに対し、目の周りと鰓蓋にはしっかりと光沢が見られるのが特徴的。普通鱗個体の目をしており、胴体は全透明鱗個体の胴体のようになっています。このような表現は非常に珍しく、頭部と胴体の表現が一致していない「1点もの」の代表格。過去に黒目で鰓蓋が透けている頭部に、透明鱗がいっさい見られない普通鱗のみの胴体を持つ個体を入荷したことも

黒ブロードテール琉金／中国広州産。半透明鱗のキャリコ表現の個体同士を掛け合わせると、褪色しない鉄色（フナ色）の個体が出現します。ブロードテール琉金でももちろん出現し、色が褪せても金色になるため人気が高いです。褪色したとしても美しいというのは飼育者としても楽しみの1つ

トラブロードテール琉金／中国広州産。入荷直後の擦れも見られますが、みごとなトラ模様をした個体。こういった表現は"黒鹿の子"と呼ばれることがあり、1点もの扱いされますが褪色してしまうリスクもあります。黒鹿の子＝褪色過程という捉えかたもできますが、中にはみごとな漆黒を鹿の子調に残し続ける個体もいます

白黒ブロードテール琉金／中国広州産。左上の白黒とは異なる表現。体表に透明鱗が見受けられることから半透明鱗であることが確認できます。これだけ変わったツートンカラーをしているものの目は赤く、不思議な雰囲気を醸し出しています

青ブロードテール琉金／中国広州産。茶斑の少ない美しい青文色を見せる個体。尾端や腹に茶斑が見られ、独特のコントラストを見せます。青や茶の色彩は中国でも高貴なものとされ、青文魚や茶金が宮廷金魚とされたわけですが、このような高級感のある個体を見ていると理解できます。羽衣（白）になる要素はあるので、褪色しないことを願いたいところ

金魚の流通

金魚は飼育者の元に辿り着くまでにどのような経路でやってくるのでしょうか。国内外でその移動内容は変わってきますが、それぞれ簡単な流れを紹介します。

1 国産金魚の流れ

　国内の養魚場で生産された金魚は、まず市場に向かいます。金魚の名産地として知られる地域には必ずこの卸売市場があって問屋が競りを行っています。池に舟を浮かべて行う卸売市場が一般的ですが、今回取材させて頂いた（株）清水金魚の卸売市場は、洗面器で行う品評会スタイルでした。魚との距離が近く、小分けにされているため、どの問屋スタッフも念入りに洗面器を見つめていました。競りで落札された金魚は、問屋に移動することになります。問屋では多くの水槽または舟でていねいに管理されています。そこから販売魚リスト・口頭から注文を受け、購入を希望した小売店へと出荷されていきます。千葉県の問屋、㈱ジャパンペットコミュニケーションズでは、国内外問わず多くの金魚がストックされており、充実した品揃えでした。中でも国産金魚の種類は特に多く、埼玉金魚はもちろん、浜松、弥富、大和郡山、南は熊本長洲の金魚までもが水槽の中を泳いでいました。

　問屋から出荷された金魚は、小売店へと向かい、店頭の販売水槽に導入されれば飼育者の目に止まる、といった流れです。ここで注意したいのが、その移動回数と距離。厳重に梱包されているとはいえ、長距離を移動することになった金魚は体力を消耗しています。小売店に入荷した際、どのような状態なのかを充分にチェックしてから購入すると良いでしょう。人気の金魚、注目の金魚ほど各ストック場に滞在する時間が短く、短期間で移動を繰り返すことになるようです。

2 中国産金魚の流れ

　過去にヘルペスウィルスなどの蔓延があったため、中国から輸入する場合は特に厳しく規制されており、その都度厳正な検疫が行われています。手間がかかるものの、それだけ厳しい検疫を行っているので、むしろ安全だとも言えます。今回協力して頂いたのは埼玉の問屋、㈱王子工芸です。実際の流通の流れをわかりやすく説明してもらいました。

　動物検疫所に金魚輸入申請書を提出（入荷日の2週間前）することから輸入が始まります。短期間で金魚を輸入することはできないのです。現地養殖場は注文内容を確認し、出荷する金魚の種類・数を確定させたうえで中国動物検疫所に輸出を申請します。ファーム現場および輸出対象となる金魚の健康を確認してからの輸出許可となります。

　輸出の許可が出たら、中国からの輸出対象となる金魚全ての健康証明書を受け、日本の動物検疫所に提出。以降、動物検疫所から輸入許可書が発行されれば、はれて輸入が可能となるのです。念願の輸入をはたした金魚たちですが、まだ飼育者の元に届くまでの道のりは長いです。輸入後は国内の決められた施設内で厳重に管理されます。管理期間中、金魚に不具合が発生した場合は小売店に販売することはできません。輸入したのち15日間厳重に管理された金魚は、動物検疫所に輸入金魚管理飼育報告書を提出し、小売店・飼育者の元へ出荷されます。

　ここまで厳重に検疫を行っているからこそ、われわれは水槽で中国金魚を飼育することができるのです。

（2016年6月現在）

清水金魚で行われる上物市。浜松金魚の注目度は高く、活気に溢れます

金魚
Gold Fish

金魚の品種●オランダシシガシラ

更紗オランダシシガシラ／静岡県浜松産。浜松で生産されている"浜松オランダ"は非常に人気が高く、同産地においても生産者または系統によってさまざまな表現を見せることからコレクション性も高く人気を集めています。寸胴な体型の個体も多く、横見での観賞にも向いており飼育もしやすい金魚

オランダシシガシラ

おらんだししがしら

ORANDASHISHIGASHIRA

　「オランダ」の名で、どこの販売店でも見かけることができるポピュラーな金魚。肉瘤があり丸々とした頭部に太めの胴も相まって、どこかかわいらしさがある人気の品種です。今より500年以上も昔、中国にオランダの元となる金魚がいたとされています。琉金からの派生とされており、頭部に肉瘤が出る琉金（獅子頭琉金）がいることからも真実味があります。実に変化に富んだ金魚でさまざまな派生品種が知られ、単に「オランダ」とされていても産地ごとに全く異なる個体が流通しています。輸入当初は九州や四国で系統維持されており、その後日本各地に広まっていきました。当初のオランダは体が長く、肉瘤が控えめでした。現在は寸胴で肉瘤が強く出るタイプのオランダがよりポピュラーで人気が高いですが、地域によってさまざまな違いが見られます。浜松／静岡で生産される"浜松オランダ"は生産者・飼育者の双方より非常に高い評価を得ており、水槽での観賞にも合うオランダと言えます。

　大型化する傾向にある本品種は、なるべくゆったりと飼育したほうが良いでしょう。成長速度が他の品種よりも速いうえに最大サイズもひとまわり大きいので、水槽環境や混泳状況にはご注意を。丸手のオランダに限って言えることですが、転覆症に注意が必要です。泳ぎが悪くなったら、加温などによる早めの処置をしてください。堂々としていてかわいいので、ファミリーや女性の飼育者からさらなる人気を得てもおかしくない品種です。

オランダシシガシラ

ORANDASHISHIGASHIRA

浜松オランダ／静岡県浜松産。浜松産のオランダシシガシラにもさまざまなタイプのものが見られますが、これは系統の違いによるもの。写真はやや寸胴な系統で、カシラの発達が顕著で丸々としたシルエットをしており、横見での観賞に向いています

浜松オランダ／静岡県浜松産。この個体も同生産者からの出品個体ですが、吻端の発達が著しく、また、趣が変わった個体

オランダ"窓"／静岡県浜松産。一見素赤のようですが、頭部のみが白くなっています。このような表現は"窓"と呼ばれ、人気が高いです。国産のオランダに多く見られるという人も多いですが、更紗で展開されている品種ならどこでも出現する可能性があります。

鹿の子オランダ／静岡県浜松産。鹿の子といえばオランダ、というほどに発現しやすいです。特に浜松オランダは鹿の子の個体数が多く、選べるほど流通しています。背から腹部までが鹿の子模様になる個体は少なく、その面積で相場が変わってきます

浜松オランダ／静岡県浜松産。パッと見では鉄色の琉金に見えるかもしれませんが、これはオランダシシガシラの若い個体。ここから褪色が始まり、素赤または更紗模様へと変化していきます。各品評会で華々しい成績を収める大井氏のオランダシシガシラです

浜松オランダ／静岡県浜松産。左の幼魚がこのような姿へと変貌するなど、初心者には想像もつかないことでしょう。更紗の染め分けが美しく、何よりも言葉では伝えられない貫録のようなものを感じます。浜松オランダは比較的大型の個体も流通しており、入手の機会は多いです

オランダシシガシラ／愛知県弥富産。一般的に流通しているオランダシシガシラは大半が4〜5cmくらいのサイズ。素赤の個体が多い印象ですが、更紗も大量に流通しているので販売店にリクエストしてみましょう

更紗オランダ／愛知県弥富産。更紗も流通しているのでご心配なく。オランダは表情に個体差があるので、顔立ちで選んでみるのも楽しいです。中にはカシラが目にかかり、ずっと怒ってるような表情の個体も

金魚
Gold Fish

金魚の品種 ● オランダシシガシラ

飯田オランダ／長野県産。問屋にて取材を行った際、飯田オランダがたくさんストックされ、素赤や更紗、年齢などで分けられていました。色の濃さによって価格が変わってくるのもおもしろいです。みなやはり濃い緋色を求めているのでしょう

衝撃的な緋色をした飯田オランダ／長野県産。緋色の濃い個体は白の発色も良く、それは更紗個体のほうがよく見られます。濃い緋色を求めるのであれば更紗個体から探すのが効率的

更紗オランダ／長野県産。今後も飯田オランダの人気は続くことでしょう。このクラスの個体が容易に手に入るのだから飼育者も嬉しいかぎり。更紗の飯田金魚のみを飼育している愛好家もいるほどに魅力的な金魚です。目に訴えかける強い緋色を見るとそれも頷けます

金魚
Gold Fish

東錦／愛知県弥富産。横見での観賞に向いている中寸体型の東錦。大型化する傾向が強いので大きめの環境を整えてあげましょう

東錦／左：愛知県弥富産、中・右：埼玉県産。背の浅黄色が美しく、雑色性の半透明鱗の品種なため、個体差が激しいです。国産の東錦は柄が整っていることが多いですが、その中でも違いを見出して個体選びを行ってほしいところ。体高がある太めの個体は横見の環境だと愛嬌がありかわいらしいです

東　錦

あずまにしき

ＡＺＵＭＡＮＩＳＨＩＫＩ

　昭和初期、オランダシシガシラに三色出目金を用い、半透明鱗の三色を乗せ作出された品種。元はあまり丸くなく、赤ではなく浅葱に重きを置いた金魚でした。現在、一般に流通している東錦は主にここで紹介しているタイプで、胴体に丸みがあり、肉瘤も頭を覆うように発達しています。金魚の名産地とされている地方ではどこでも生産されており、販売店で簡単に見つけることができるポピュラーな品種です。丸みを帯びたシルエットは水槽での横見飼育でもその魅力を発揮します。加えて、半透明鱗の三色ということで色柄における個体差が非常に大きいのも魅力。赤と白のバランスが良く、黒が強く散在するといった王道のポイントはありますが、それにはこだわらずに個体ごとの違いに注目してほしいところです。銀鱗東錦や五色東錦などのバリエーションも人気が出てきており、半透明鱗ゆえに黒目の個体なども出現するので、女性受けもなかなか良いです。横見の飼育では体高のある個体のほうが見栄えが良く、丸手のボリュームを活かす意味でも向いている品種です。飼育環境はオランダと同様ですが、本品種も大型化しやすいので、小さなうちからあらかじめゆったりとした水槽環境で飼育すると良いでしょう。あまり丸すぎると転覆症になるおそれもあるので、冬季は万全の準備を。

金魚の品種 ▶ 東錦／飯田東錦

飯田東錦／長野県産。背の浅葱色を筆頭に、見事な体色を見せる飯田東錦。ここまで安定した色柄の美しい系統は少ないです

飯田東錦／長野県産。弥富市場で出品されている飯田東錦。強烈な緋色に目を奪われてしまいます。この第一印象こそが非常に重要視されるべき。「赤い」「きれい」そういったシンプルな称賛こそが横見飼育での1つのポイントになるかもしれません

飯田東錦

いいだあずまにしき

IIDA AZUMANISHIKI

　東錦にもさまざまな系統が存在しており、系統によって見ためも違えば、時には名称も異なります。飼育者は個体選びの際に戸惑うかもしれません。水槽で横見飼育をする際はぜひともこの飯田東錦を選択肢に入れてほしいです。強い緋色が特徴的かつ個体差があり、水槽が一気に華やかになることでしょう。時期を逃すと入手が難しくなってしまうので、販売店に問い合わせてみてください。

飯田東錦／長野県産。年齢別で出品されているので、水槽環境に合わせた個体選びも可能です。やや大きめの水槽を使用する場合は、3歳の個体を複数導入するのも良いでしょう。キャリコ体色の場合、対象の金魚が多いと1尾に絞りきるのはなかなか難しいです。2、3尾とほしくなってしまったら水槽を新設するのも一つの手です

金魚 Gold Fish

桜東錦／愛知県弥富産。生産量の多い弥富で出品された桜東錦。桜というからには半透明鱗の紅白模様、つまり墨の入らない個体を選びたいところ。透明感のある表現なので、家族連れや女性からの人気を集めている印象を受けます。吻端のつくりもしっかりしてきているので、上見・横見、双方の飼育を楽しめる金魚

桜東錦／愛知県弥富産。普通の目をしている個体を更紗オランダと混泳させてみたり、黒目の個体のみを集めてみたり、さまざまな楽しみかたができるのが桜品種の良いところ。普通鱗の品種や三色の品種とは決して被らないため、水槽で混泳させているとお互いに引き立って映えます。国産の桜東錦はあまりに丸い個体が少なく、飼育家庭でのトラブルも少ないとみています。寸胴な体型の個体がいるのであれば、それもおもしろいでしょう

桜東錦

さくらあずまにしき

SAKURA AZUMANISHIKI

元は東錦を生産する際の副産物だったとされていますが、東錦と更紗オランダの交配などでも出現します。東錦を生産している養魚場からコンスタントに出荷されており、水槽飼育では非常に人気が高いです。透明鱗の多い個体は黒目になるため、ファミリーや女性に受けが良いようです。強健な品種で、飼育も難しくないのでぜひ飼育していただきたい品種の1つ。

桜東錦／埼玉県産。埼玉でも生産されている本品種ですが、小型個体の流通が多く、大きな差異は見られません。埼玉産のものは成長に伴い、頭部が丸くなっていくように思われます

桜東錦／埼玉県産。弥富、埼玉だけでなく浜松などでも生産されており、流通量は多い桜東錦。各産地ごとにコレクションしてみたり、または1つの生産地だけを決めてその系統だけを飼育してみたり、楽しみかたはさまざま。若い個体で強い緋色の発色をしている個体を見かけたらぜひ入手したいところ

金魚の品種 ● 桜東錦／中国オランダ

中国オランダ／中国広州産。中国オランダの中では最も流通する広州産のオランダ。丸みがありかわいらしい1尾

中国オランダ

ちゅうごくおらんだ

CHUGOKU ORANDA

　「オランダ」の名で、どこの販売店でも見かけることができるポピュラーな金魚。肉瘤があり丸々とした頭部に太めの胴も相まって、どこかかわいらしさが人気です。500年ほど前にオランダの祖先となる肉瘤の薄い胴長の個体が中国で飼育されていたとされますが、ずいぶんと容姿が変わったようで、先述した特徴はいっさい感じられない丸々としたシルエットのものも多いです。生産地にもよりますが、胴体の長い個体や短い個体、肉瘤が派手に出ている個体や控えめな個体など、さまざまな容姿で流通しています。同じファームでは統一性があるため、産地・養魚場が差別化を図っているともとれます。中国産の丸手の血統は上半身に重きを置いているようで、尾型があまり良くありません。だが、それを補ってあまりある迫力の肉瘤や胴体が魅力的。一枚尾に見えるほど引っ付いた尾鰭でも、上半身が迫力のあるものなら平気で輸出されてきます。横見で気にならない尾型であれば問題ないとは思いますが、それにしても意識が前方に集中しています。もちろん、尾型の良い個体も流通するので、根気強く探すのも良いでしょう。

中国更紗オランダ／中国上海産。日本のオランダにやや近い印象を受ける上海産の系統。日本の系統は中国でも人気が高く、オランダやらんちゅう、和金などでも系統維持が取り組まれています

中国オランダ

CHUGOKU ORANDA

中国オランダ／中国福建省産。当歳ながら異様に発達したカシラが特徴的。ライオンヘッドなどで有名な福建省の系統ということもあり頷けます。このような丸いシルエットをした個体は人気が高いです

中国オランダ・鹿の子／中国福建省産。当歳とは思えないほどのカシラを見せる福建省の中国オランダ。ここまで明確な系統差があると混乱を招くことなくわかりやすいです。また、独特の鹿の子模様も美しく、観賞価値が高いです

中国オランダ／中国福建省産。同じく福建省産の個体。両奴に口紅が入り、かわいらしさを全面に押し出した、いかにも女性らしい色柄です。しかし残念、性別はオスだったので少し困惑してしまいます

中国オランダ／中国福建省産。上に引き続き、福建省産の個体。福建省の中国オランダは輸入の機会が少なく、希少と言えます。ここで紹介した3尾の写真を見てもらえばわかるとおりカシラが全て白いです。これは系統として固定されている表現で"ホワイトキャップ"とも呼ばれます。鹿の子模様も出やすい系統なので、今後の輸入が途切れないでほしいところ

中国オランダ／中国広州産。広州はファームも多いせいかさまざまな表現の中国オランダが見られます。ただし、輸入名は全て「オランダ」なので、名称で判断することはできません

中国オランダ／中国広州産。肉瘤が硬いタイプの系統。触ってもわかるのですが、福建省産のものと比べると異様に硬いです。このようなタイプは横に発達することが少なく、上へ上へと発達することが多いです。どのような最終形になるかがあらかじめ理解できていれば個体選びも苦労しないでしょう

金魚の品種●中国オランダ

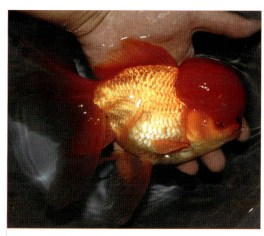

中国オランダ／中国広州産。"高頭""ビッグヘッド""バルーンヘッド"などと呼ばれています。ライオンヘッドのような顔の周りに発達するカシラでなくとも、目が隠れるほどに発達してしまうのです。広州産の個体はこうなる系統が多く、成長に伴いどう変化するかがわかりやすいです。この個体は理想形の1つであり、全ての個体がこのように成長するわけではありません

中国オランダ／中国福建省産。福建省から輸入された中国オランダ。「オランダ」として輸入されたものですが、どう見てもおかしい外見。ショートボディなのか、はたまたセルフィンらんちゅうから出現したのか。2歳の中国オランダを注文して、このような個体が来てしまったらひとたまりもありません。入荷時で25cmほどのサイズがあり完売したため再注文したところ、15cmほどの個体が来てしまいました。玉手箱のような感覚も中国オランダのおもしろいポイントなのかもしれません

中国オランダ・ウルトラショートボディ／中国広州産。上のビッグヘッドと同じロットで輸入された中国オランダ。頭部はほぼほぼ似たような表現なのですがどう見ても胴体が短いです。こうした個体は"ショートボディ"と呼ばれ、中国金魚では1点もの扱いされています。環境への適応力が下がり、飼育の難易度が上がることになりますが、機会があったらぜひ挑戦してもらいたい品種です

Gold Fish

中国東錦／中国広州産。黒が均等に入ったすばらしい中国東錦。中国各地で生産されており生産者ごとに差異が見られます。コレクション性は非常に高く、似た個体は見られないと言う飼育者もいるほど

中国東錦

ちゅうごくあずまにしき

CHUGOKU AZUMANISHIKI

　日本の東錦と似た表現をしている半透明鱗の三色オランダ。頭にボリュームがあり、目が隠れてしまうほどの個体もいます。中国産でも何タイプか存在しており、丸々したものから胴の長いものまでさまざま。ファームごとに特徴が違うことがよくわかります。中国では「五花獅子頭」と呼ばれ、英名は Calico Oranda。見ためはオランダの体型で三色ですが、日本の東錦とは系統が全く異なります。日本でも中国産の三色オランダを「東錦」として販売しているのを目にしますが、産地の明記がないケースもあります。外見で判断できる個体ならまだしも、わかりにくいケースのほうが多いです。気になったら購入先へ相談してみましょう。日本の東錦よりカラーバリエーションが豊富で、個体差も激しいです。平均的に普通鱗が多いのも系統によるものと思われます。小型の個体から中型の個体までは多く輸入され年間を通してわりと安定して流通しています。尾型が良くないといったイメージも今では払拭されつつあり、各鰭のクオリティも高くなってきています。あまりに小さい個体だと色柄で選ぶことになってしまいますが、本品種の魅力を味わうためには、より頭が発達したものを選ぶと良いでしょう。大きくなったり、肉瘤で目が隠れたりした場合のことを踏まえ、極力レイアウト素材のない水槽での飼育がお勧めです。

Gold Fish 金魚

金魚の品種 ● 中国東錦

中国東錦／中国広州産。まさに1点ものと呼ぶにふさわしい配色で、本書に掲載した広州産中国東錦の面々とは似ても似つかないです。このように極端な白勝ちでありながらも各色の発色が強い個体が時折見られます

タイガーオランダ／中国広州産。近年、特に人気を集めているのがトラを想像してしまうタイガーオランダ。小型の個体は輸入されず、12cmを超えるくらいのサイズで輸入されてきます。赤と黒が規則的に入り虎模様を形成している個体は希少価値も高く、ファンも多いです

中国五色東錦／中国広州産。広州産中国東錦の一系統。このファームから輸入される個体は強い緋色を持ちながら、全身に濃い墨が入るのが特徴。タイ産の血統を用いて作出されたと言われています。"五色東錦"の名称で販売されることもある希少な系統です

中国五色東錦／中国広州産。同じく五色東錦。左の個体よりコントラストが薄くなってはいるものの、白の面積は極端に少ない個体。ここまではっきりとした表現があると系統としても特徴的で判断しやすいです

中国東錦／中国広州産。"ゼブラ東錦"とも言われる、縦に墨が入るツートンの個体。半透明鱗であるために光沢が良いアクセントになっています。五色系統と違い、背鰭に丸みがあるのがわかります。こういった些細な差異から小型個体がどう育つか見極めるのもおもしろいでしょう

中国東錦／中国福建省産。引きで見ると更紗オランダや桜東錦のようにも見えますが、浅葱色を持つ三色の半透明鱗ということで中国東錦として輸入された個体。広州産のものとは一線を画し、体が圧倒的に丸いです。体の丸みに対して鰭は長く、横見で愛嬌のある姿を見せてくれるのは想像しなくともわかります。福建省独自の系統である可能性が高いです

金魚
Gold Fish

中国桜東錦

ちゅうごくさくら
あずまにしき
CHUGOKU SAKURA AZUMANISHIKI

かつては東錦に混ざっていた品種ですが、近年、桜東錦が単体で輸入されるようになりました。中国でも品種として系統維持されているか、表現はキャリコと同じですが紅白で縁起が良いとされ選別されているかのどちらか。黒が入るものは桜ではないと言われますが、いずれにせよ飼育には全く支障はありません。

中国桜東錦／中国福建省産。一見、赤一色のようにも見えますが、赤の中にもコントラストがあり赤〜橙と色の濃淡が確認できます。半透明鱗の特徴で色ムラが発生することにより渋く淡い色柄を表現することがあります

中国桜東錦／中国福建省産。左の個体の逆体側。左右共に色柄の均等が取れており、申し分のない非常に美しい個体。単色に見えるにもかかわらず、色柄に濃淡のある個体は観賞魚としての魅力が大きく、飼育していてもその姿に飽きることはありません

青文魚

せいぶんぎょ
SEIBUNGYO

昭和中期に初めて日本に輸入された、格式高い中国宮廷金魚の1品種。青と茶は中国では重く扱われていました。近年、需要が減ってきたこともあり、最近では販売店で見る機会が減少しています。茶金と混泳している姿は渋いながらも高級感に溢れ、飽きることはありません。

青文魚／愛知県弥冨産。鱗に癖もなく上品な個体。こうした青文魚を本当に見なくなりました。オランダシシガシラを好んで飼育されている人に1尾は飼育してほしい金魚

青文魚／中国広州産。青一色よりもこのように鱗中央と外郭に多少のコントラストがある表現のほうが好まれています

羽衣

はごろも

HAGOROMO

金魚の品種 ● 中国桜東錦／青文魚／羽衣／茶金

青文魚が腹側から色抜けし始めるとこのように呼ばれます。なので、羽衣にはカラーとしての一貫性がなく、最終的に真っ白になってしまうことも少なくありません。色の変化を楽しむという少し変わったバリエーションです。褪色させない方法としては、薄い青水での飼育、低水温での飼育などが挙げられます。しかし、これらはすぐに実感を得られるような策ではなく、あくまでも相対的にうまくいく程度のものです。

羽衣／愛知県弥富産。弥富市場に出品されていた個体（同魚）。青文魚と系統は同じなので、同じ舟で出品されていました。羽衣のほうが人気が高く高値が付きます。褪色がピッタリと止まった濃い羽衣は非常に美しいです

茶 金

ちゃきん

CHAKIN

昭和中期に初めて日本に輸入された、格式高い中国宮廷金魚の1品種。淡い体色は王宮でも好まれ、青文魚と共に"紫藍（しらん）"の名で愛されていました。日本に輸入されてからは国内でも生産され、一般品種として確立されました。近年、供給も需要も減少傾向にあるようなので、こういった渋くも美しい金魚にスポットが当たってほしいと願っています。

茶金（同魚）／中国広州産

Gold Fish

飯田丹頂／長野県産。緋の濃さが印象的な飯田丹頂。飯田丹頂はカシラが大きく発達する"高頭丹頂"と呼ばれる系統で常に人気が高いです。若い個体でもカシラが発達している個体がおり、一見どれも同じに見えてしまいますが、いざ選び始めるとさまざまなポイントで差異が感じられるはず

丹 頂

たんちょう

T A N C H O U

　昭和中期に初めて日本に輸入された格式高い中国宮廷金魚の1品種。丹頂鶴から命名された名は縁起物としても日本でも非常に人気が高く、宮廷金魚の中では最も流通している品種です。"高頭丹頂"として出回る個体は頭が発達しており、中には目が隠れてしまうような個体もいます。長野県飯田地方で生産されている丹頂は赤みも濃く、肉瘤もしっかりしているものが多いです。一方で、中国産も大量に輸入されています。非常に強健で飼育しやすく、最近は頭や尾型も非常に安定しています。気にするポイントは赤が頭以外に飛んでいないかどうか。

丹頂／愛知県弥富産。弥富産の丹頂は飯田ほどカシラは出ないものの、古くからしっかりと系統維持されており人気が高いです。安定した生産量で全国各地に出荷されています

飯田丹頂／長野県産。問屋での風景。丹頂のストック水槽の前に行くと、筆者でもどれがどれだかわからなくなるほどです。販売店で選ぶ際は、分けられるケースなどを借りると良いでしょう

黒オランダ

くろおらんだ

KURO ORANDA

黒オランダ／タイ・バンコク産。圧倒的な黒さから国内外問わずに多くのファンを獲得した黒オランダ。中国や諸外国でも人気が高い品種

タイを代表する金魚の一つ。バンコクから輸入されるオランダに顕著に見られる漆黒の表現は"シャムブラック"と言われます。漆黒の金魚というポイントで男性からの人気が高く、腹部まで黒い個体は希少価値が高いです。流通も多く、年中輸入されている印象を受けます。この黒色の色素はやや特殊で薄くなることは少ないのですが、腹部から抜け始めるとすぐに褪色してしまいます。体側程度で褪色が止まったものは"トラオランダ"と言われ、そちらもまた人気が高いです。

トラ オランダ
（タイガーオランダ）

とらおらんだ（たいがーおらんだ）

TIGER ORANDA

トラオランダ／中国広州産。みごとなトラオランダ。サイズも20cm前後と迫力があり、黒の濃さも申し分ありません。トラの場合は色が抜けた時のことも考慮して選ぶのも一つの手。地色の赤の発色が濃い個体や下地が更紗模様になっている個体などは、1尾で何度も楽しむことができるかもしれません

トラオランダ／中国福建省産。通常流通するトラオランダとは全く体型が異なる個体。バンコクや広州から輸入される個体はやや長めの体型をしています。この個体のように丸い個体は見られず、この体型でこれだけの発色を見せる系統は福建省にしかいないのではないかと思われます

明確な取り決めなどはないのですが、トラ（タイガー）というのは本来写真のような普通鱗の個体を指して付けられた呼称です。"ゼブラ"と呼ばれる表現は、半透明鱗で赤と黒のツートンになっているものを指しています。トラ（タイガー）とゼブラは鱗の性質による呼び名の違いだと認識しておきましょう。同じ赤×黒の配色であるにも関わらず呼び名が違いますが、定着したものは仕方ありません。呼び名による誤解がないようにしておいたほうがベター。トラというのは、基本的には素赤の上に黒い色素が発現していると考えるのが良いでしょう。

金魚 Gold Fish

ブロードテールオランダ

ぶろーどてーるおらんだ

BROAD TAIL ORANDA

　主にタイ・バンコクで生産されている品種。最大の特徴であるブロードテールは幅があって長いです。タイからの輸出先は主に中国や諸外国であり、力強さやカラーバリエーションなどから高値で取引されています。日本への輸出は稀で、タイの血統を用いた中国産の個体が流通する程度。

ブロードテールオランダ・ブラックゴールド／中国上海産。尾鰭は横に大きく展開され、ギャザーのような形状。この個体は、ブロードテールオランダ"ブラックゴールド"の名称で輸入されたものですが、半透明鱗の品種でここまで極端な色柄をしていることがそもそも珍しいです。体型も色柄も特殊な個体

ロングフィンオランダ

ろんぐふぃんおらんだ

LONG FIN ORANDA

ロングフィン青オランダ／中国上海産。尾鰭にだけ目が行きがちですが、この品種は各鰭にその特徴が見られます。小型のうちからあまりに長く伸長していると、大きく成長した時に鰭が曲がったり折れたりしてしまうなどのデメリットも。小型個体を見つけた際は、控えめな個体を選ぶのが良いでしょう

ロングフィンメノウオランダ／中国上海産。まだロングテールが出回ってない頃の写真。流通当初はこのような細長い個体がやけに多かったものです。当時同ロットで当歳も輸入されてきましたが、飼育したところ肉瘤がまったく発達しなかったという苦い経験もあります

ロングフィン三色オランダ／中国上海産。左のメノウと同時に輸入された個体。同系統でここまで差があることに当時驚いたのですが、今ではこのようなシルエットをしたもののほうが数多く流通しています。中国・諸外国での評判も良く、まだまだ大量に輸入されるには至らないと思われますが、質の高い個体が安定的に輸入されるようになるのを期待したいところ

　中国・上海でのみ生産されているオランダのバリエーション。2010年以降の新しい品種です。輸入される際にロングテールオランダとされていたのですが、尾だけが長いわけではなく全ての鰭が長いです。そのせいか、たわみが出たり折れがあるなど、まだまだ未発達の品種ではあります。流通は少ないです。

ロングフィン丹頂／中国上海産。日本でもおなじみ、丹頂のロングフィン個体。当歳ですでにここまで伸長しています。水流が強めだと曲がったり折れたりの原因にもなってしまうので、水流の穏やかな環境での飼育がきれいに伸長させるコツ

Gold Fish 金魚

金魚の品種 ● ブロードテールオランダ／ロングフィンオランダ／竜眼

三色竜眼／静岡県浜松産。らんちゅうなどの品種でも有名な二橋氏の竜眼にスポットが当たっています。中国での生産が少なくなっていることもあり、今後も発展させていってほしい品種

五色竜眼／静岡県浜松産。複雑な表現を見せる色柄が魅力的。浜松市場で1尾のみの出品だったのは生産者が少ないこともあり、市場に流通する個体が少ない状況です

五色竜眼／静岡県浜松産。日本人好みの独特な色合いをしており、小型の似た表現の個体がこれからも流通することに期待

シルク竜眼／静岡県浜松産。半透明鱗の品種で必ず出現するのが、このような白の全透明鱗個体。"シルク"の愛称を受け、両黒目の個体が多いです

竜眼

りゅうがん

RYUGAN

いわゆる"出目オランダ"と呼ばれる品種であり、元は中国で作出され、長きに渡って系統維持されていたものですが、近年、流通が減少傾向にあります。日本国内でもいくつかの養魚場で生産されており、その特徴もさまざま。中国産は白勝ち更紗か丹頂模様の個体が多いです。今では丹頂竜眼のみが系統維持されているということもあり、寂しいところです。日本では美しい配色の更紗・三色・五色などさまざまな竜眼が生産されています。

黒竜眼／インドネシア産。インドネシアの観賞魚業界も活気があるので、金魚も新品種・新系統作出に着手しているものと思われます。日本のらんちゅうの血を取り入れたインドネシアらんちゅうもリリースされ、インドネシア産金魚の今後の展開から目が離せません

桜竜眼／中国福建省産。中国より突如輸入された23cmもある超大型の個体。福建省のコンテスト後に輸入されたとあって、実際に出展されていた個体なのかもしれません。そういったイベント後は希少な金魚が輸入される機会の1つとして挙げられます。この個体は単なる桜模様ではなく、鱗1枚の中にも紅白の色素が表現されています。他の品種の桜模様には見られない表現であることから、中国で古くから系統維持されているものだと推測できます

水槽で楽しむ 錦鯉・金魚

黒出目金

くろでめきん

KURO DEMEKIN

黒出目金／愛知県弥富産。このような個体はどこの販売店でも入手することが可能。サイズもさまざまで、販売店としてもリクエストに応えやすい品種であると言えます

出目金と聞いて思い浮かぶのがこの真っ黒い出目金でしょう。昔から金魚すくいの挿し色として人気が高かった品種です。2000年以前は真っ黒な金魚と言えば黒出目金しかいなかったものです。金魚の歴史から考えても、ここまで安定して黒い金魚はそういません。赤出目金や三色出目金も流通しますが、需要が最も高いのは黒出目金です。両目の大きさ（バランス）さえ気を付けていれば、さまざまなサイズのものが流通しています。一方、中国からは5cm前後の個体が大量に輸入されており、どれも真っ黒ですが、時折赤出目金やトラ出目金も混じっている便もあります。購入の際は産地も含め、黒の下に赤が見え隠れしていないかをチェックしてみましょう。黒が剥げて赤が見え隠れするような個体は褪色していくものと思われます。出目金の飼育は琉金と同様でかまいませんが、泳ぐスペースが狭かったり、レイアウト素材が多い水槽環境だと目を負傷する可能性があるので注意が必要。出目金同士、目が引っ掛かりしぼんでしまうこともあります。大きめの個体などは琉金より余裕を持った水槽が必要です。

赤出目金

あかでめきん

AKA DEMEKIN

赤出目金／愛知県弥富産。この品種もしっかりと系統維持されています。黒出目金の印象が強いせいか、かえって新鮮味があります。他のカラーバリエーションと混泳させると見栄えが良いです

1800年代後半に中国から輸入されたと言われています。通常の金魚とは異なった外見でしたが中国で広く普及し、遺伝しやすい形質であることからさまざまな品種を作出する礎となりました。赤出目金から派生したキャリコ出目金が、中国から日本に輸入されるまで約100年。その間も赤出目金が中国国内で維持されてきたのは、当時より変わった金魚が認められていた何よりもの証拠なのかもしれません。

キャリコ出目金

きゃりこでめきん
CARICO DEMEKIN

キャリコ出目金が1800年代後半に輸入されるまで、金魚と言えば、赤・白・黒の魚が独立して泳いでいる状態でした。モザイク透明鱗に三色が集約されている表現は、瞬く間にさまざまな品種に広がっていきました。国産・中国産共に流通しているものの生産量は多くありません。変わった色柄を好む人は中国産の個体から探すと良いでしょう。

キャリコ出目金／愛知県弥富産。弥富では安定して生産されています。愛知県の金魚すくいではキャリコ出目金が入っていることが多く、キャリコ琉金の代役を務めています。少し変わった柄の個体ですが、通常の浅葱が乗ったスタンダードな三色も流通します

桜出目金

さくらでめきん
SAKURA DEMEKIN

キャリコ出目金を生産するにあたって必ずと言っていいほど出現する桜柄。元々の尾型を保持している桜出目金は少なくなってきています。中国産にしてもショートテールばかりが流通しています。

桜出目金／愛知県弥富産。ショートテールはせわしく泳ぎますが、このような吹き流し尾を持つ個体は優雅に泳ぎます。柄によってかわいらしさも備えています

Gold Fish

ショートテールトラ出目金／中国広州産。中国金魚らしい迫力のあるシルエット。色柄もすばらしく黒と赤で構成されていますが、そのどちらもが強い発色を見せています

ショートテールトラ出目金／中国広州産。先に紹介したトラの個体の2歳魚。当歳魚も流通するため、水槽環境に合った個体が探せます。褪色の度合いには個体差が見られますが、可能なかぎり地色の濃い個体を選ぶのがポイント

ショートテール出目金

しょーとてーるでめきん

SHORT TAIL DEMEKIN

　ショートテール琉金と同様の着目点から中国で作出された品種。尾は小さく、体は丸いほうが良いとされています。上見では通常の尾よりも見栄えがしなくなることもあり、横見での観賞に特化した出目金と言えます。"だるま出目金"とも呼ばれ、現地の選別では可能なかぎり丸に近いものを種親として採用しており、そのためには体高があり、なおかつ尾が短くなければなりません（尾が長いと丸く見えないため）。よって、少しでもバランスが悪いと泳ぎに支障をきたしてしまいます。そのような条件のもと厳選され出荷されています。主に広州から輸入されており、流通量も少なくはないです。販売店などでは、「ショートテール」「ST」「S/T」「だるま」として販売されています。なじみのある黒を筆頭に、赤や更紗、三色に変わり柄まで、カラーバリエーションも豊富。

　飼育するにあたって、気にするべきポイントはバランスと目。丸い品種なので、ショートテール琉金と同様のチェックで良いです。小さな個体の輸入が多いですが、まだ体ができ上がっておらず、個体としてのバランスを見極めるのが難しいです。購入前に正常かどうか観察しましょう。目にも注目すべきで、目の大きさが均等かどうか、目の奥が白濁していないかなどをチェックします。目の外が白いだけであれば、加温で治ることがあります。固いレイアウト素材は目に当たってしまう危険性があるので、極力使用を控えましょう。

金魚
Gold Fish

金魚の品種 ● ショートテール出目金

ショートテール黒出目金／中国広州産。トラがいるのであれば、当然黒い個体も存在します。黒出目金のイメージが強いせいかトラよりも黒のほうが人気が高いです。褪色が始まるかどうかは飼育してみないとわかりませんが、2歳魚の腹部まで黒い個体は他の個体よりも褪色しにくいイメージがあります。薄い青水で飼育してみたり、紫外線が当たるように調整すると褪色が起きにくいと言われています

ショートテール黒出目金／中国広州産。現地からの案内で入荷した個体。「3歳、いりませんか?」と言われて注文したところ、22cmもの個体が届きました。3歳でショートテールがここまで育つのか疑問ではあるもののシルエットは美しく、部位の欠損もいっさい見られません。そこまでていねいに飼養できるのは需要があってこそのもの

ショートテール三色出目金／中国広州産。個体差もあり柄で選べるのも楽しい品種

ショートテール三色出目金／中国広州産。桜に近い色柄をした個体。顔周りや尾の赤の入りかたが実にユニーク

ショートテール黒出目金／中国上海産。黒の小型個体。この時点で体高が出始めている点に注目

ショートテール三色出目金／中国上海産。黒いバンドが印象的な三色の個体

ショートテール三色出目金／中国上海産。トラのような色柄をしていますが、非常に光沢の強い個体。褪色したとしてもきれいな色みになりそうです

ショートテール銀鱗三色出目金／中国上海産。近年ブームになっている"銀鱗三色"と呼ばれる表現。半透明鱗の品種なのですが、普通鱗の割合がきわめて多いとこのような表現に。この個体には透明鱗も1、2枚確認できたことから、半透明鱗のいわゆるキャリコ体色であることは間違いないです。このような個体は褪色を起こしにくいとされます

銀鱗三色ショートテール琉金／中国広州産。このような珍しい色柄をした個体でも定期的に輸入されています。写真は2歳の個体ですが、これより小さいサイズに関しては年中流通しているといっても過言ではありません。

金魚
Gold Fish

蝶尾／中国上海産。みごとな緋色を見せる上海産蝶尾。上海は蝶尾のメッカとも言われ、カラーバリエーションに富んだ質の高い個体を大量に生産しています。美しい蝶尾たちは世界中に輸出され、飼育者を楽しませています

赤蝶尾／更紗蝶尾／中国上海産。カラーバリエーションに富んでいるとはいえ、やはり主流は赤・更紗・黒。上海蝶尾はこの3種類のカラーパターンに最も力を入れており、系統維持も厳正に行っています。他の変わり柄に生産が傾くこともなく、8割以上はシンプルな色柄の個体ばかりです

蝶 尾

ちょうび
C H O U B I

　1900年代後半に中国で作出された品種。その名のとおり、特筆すべきは蝶が羽を広げたような尾です。観賞するには上見が主体ですが、ブロードテール琉金のように横見でも充分に楽しむことができます。中国産の蝶尾はここ数年で丸みを帯びてきており、かつては胴長だったというイメージもなくなってきています。日本に輸入された当初はさまざまなスタイルの蝶尾が同じ生産地から輸入されていました。それから平均的に胴体に丸みが付いてきたことからすると、中国国内でも産地ごとにメリハリが付き、1つの形に収束しているのかもしれません。広州・上海・福建省などいろいろな地域で生産されていますが、とりわけ上海産のものが質が高いです。平付けになっている個体は上見で美しく、あまり横見には向きません。横見で観賞するのであれば、前掛かりを持った立体的な尾のほうが良いでしょう。ふんわりと波打つような尾は、ある程度の個体数を見てもらえばすぐにわかるはずです。

　鰭がしなやかでありながら幅を持っているため、水槽内では実にさまざまな表情を見せてくれます。ぜひ尾を翻した瞬間の優雅さに驚いてほしいところです。上見では見せてくれない表情がたくさん見られることでしょう。定番カラーから変わり柄まで、カラーバリエーションは実に豊富。飼育は他の出目金同様で問題ありません。目が白濁していないか、購入前のチェックも必須です。

金魚 Gold Fish

金魚の品種 ● 蝶尾

更紗蝶尾／中国上海産。良質な蝶尾を注文すると必ずと言っていいほど送られてくるのは更紗。飼養中や輸送中も心配になるほど繊細な部位で構成されている蝶尾ですが、毎度のことながら欠損もない美しい個体が輸入されてきます

黒蝶尾／中国上海産。鉄色ではない、黒出目金ゆずりの漆黒に体色を染め上げた美しい黒蝶尾。背景が黒だとどこを泳いでいるのかわからないほどです。こちらも系統維持は厳しくされており、何度と輸入してもムラがありません。体高があるのも上海蝶尾の良い特徴

レッサーパンダ蝶尾／中国上海産。パンダと対比し、赤лод目であることから"レッサーパンダ"と呼ばれる蝶尾のカラーバリエーションの1つ。黒の褪色途中と言ってしまえばそれまでなのですが、色みの強い個体が多く、なぜか黒が褪色しにくいです

パンダ蝶尾・変わり柄／中国上海産。時折パンダ蝶尾に紛れる個体。パンダとは言い難いですが、同じように褪色します。褪色にはムラがあり、腹部から上にかけて褪色するとは限りません。パンダ蝶尾の色素が薄いタイプだと捉えるのがよさそうです

パンダ蝶尾／中国上海産。これぞ凄まじい人気を誇るパンダ蝶尾です。一時期に比べれば輸入が減ったように思えます。特に上海産のものは希少。黒の面積に個体差がありますが、変化を楽しみたいのであれば黒の多い個体を選ぶのがお勧め。その時点での色柄に惚れ込んで選ぶのであれば、なるべく地色が濃い個体を選ぶようにしましょう

蝶尾・変わり柄／中国上海産。中国のコンテストに出展された個体（だったはず）。パンダ蝶尾かと言われれば目が赤く、キャリコ体色かと思いきや透明鱗が1枚もない、何とも掴みどころのない個体。サイズは20cm前後あったのを覚えていますが、これほど良質な蝶尾はそうそうお目にかかれません

三色蝶尾／中国上海産。良質な三色蝶尾の流通も増えてきています。以前は体高が低く、横見だと観賞価値の低い個体ばかりでしたが、胴体が丸みを帯びてきたことにより観賞価値が高まりました。コロコロした寸胴な体型に広い尾を持ちユラユラ泳ぐ姿は、他の品種では言い表せない動きを見せてくれます

三色蝶尾／中国上海産。三色蝶尾の中にはこのような真紅でド派手な色柄を見せる個体もわずかに混ざっています。色柄、シルエット、優雅な泳ぎ、横見での観賞において感じ取れる魅力を全て詰め合わせたかのような1尾

水槽で楽しむ 錦鯉・金魚

パールスケール

ぱーるすけーる
PEARL SCALE

ゼブラパールスケール／タイ・バンコク産。バンコクでは安定的に生産されているパールスケール。メインは素赤や更紗ですが、このような変わった個体も時折見られます

中国金魚の歴史の中でも特に異端な表現を持つ品種。1850年頃には出現しており、中国では"珍珠鱗"と呼ばれています。「変わった玉の鱗」のとおり、この品種にはパール鱗と呼ばれる特殊な鱗の表現が見られます。真珠が埋め込まれたかのような鱗をしており、本来イメージされる魚の鱗とはほど遠い外見。これは一度剝げてしまうと完全に再生することはありません。ピンポンパールとは違うその長い尾が特徴的で優雅に泳ぎます。

更紗パールスケール／タイ・バンコク産。輸入されるパールスケールのほとんどがこの当歳魚。小さな姿からは想像しにくいですが、成長に伴い体高が出るため、丸みを帯びていきます

高頭パールスケール

こうとうぱーるすけーる
KOUTOU PEARL SCALE

パールスケールの頭部がオランダシシガシラのように肥大化したもの。中国でも非常に人気が高いことからか、生産量が多い品種の1つ。東南アジアでも生産されており、計らずともその需要が認識できます。頭部の肉瘤はより大きく、はっきりと2つに分かれているものが良いとされています。著しく肥大化した個体は"クラウンパール"と呼ばれ人気が高いです。浜錦の水泡と比べるとやや硬め。

高頭パールスケール／中国広州産。透明鱗の鱗を持ち、目が黒くなっているかわいらしい個体。この手の桜柄の個体は非常に人気が高いです。肉瘤の発達も著しく、見ていて飽きのこない品種

高頭パールスケール／中国広州産。小型の個体も多く出回っています。若いうちは肉瘤が発達しておらず、高頭と呼ぶには無理がありますが、いずれ肥大化するだろうと思わせる膨らみは見せています。この肉瘤は小型の個体でも個体差があり、小さなうちから主張が強い個体は将来有望。この個体はこれから赤になっていく褪色途中の個体

金魚
Gold Fish

金魚の品種 ● パールスケール／高頭パールスケール／ピンポンパール

ピンポンパール／マレーシア産。元祖とも言える東南アジア産の個体。輸入当初は飼育難易度の高い金魚でしたが、最近では輸入状態も良く、適切な飼育方法も確立されつつあります。導入後まもなく出血を伴い死に至る問題は、マジックリーフによる滅菌で対応可能。あとは高温維持と水流、餌の与えすぎ注意といったところでしょうか。初心者でも飼いやすい金魚に成り上がった品種です

ピンポンパール／徳島県産。国産のピンポンパールは非常に強健で飼育しやすい金魚です。水質環境にも馴れやすく、導入も容易。販売水槽では50尾もの個体をいっせいに管理しており、ここまで多いと飼育難易度は上がってきますが、極端な話、このような状態でも飼えないことはないということ

ちょうちんパール／徳島県産。フナ尾を持つ個体は"ちょうちんパール"と呼ばれます。通常のピンポンパールより若干泳ぎが速く、本来の不器用なかわいさはなくなってしまいますが、スイスイ泳いで水槽に動きが出ることでしょう。ピンポンパールとの混泳も可能

ピンポンパール
ぴんぽんぱーる
PING-PONG PEARL

　金魚を飼育したことのない人でも聞いたことがあるであろう超有名品種。東南アジアから流通してくるものがほとんどでしたが、近年ではその人気からか日本国内でも生産されています。マレーシアやシンガポールから輸入されるものは飼育難易度が高いとされてきましたが、最近ではいくぶん飼育しやすくなったと感じます。流通過程の見直しや温度調整も行われていると思われます。それでも原産地は高温で飼養されているためか、日本国内で調子を悪くするケースが相次ぎました。東南アジアから輸入したピンポンパールについては観賞魚用ヒーターで加温すると好成績が得られます。その点、国産のピンポンパールは日本の気候に馴染んでおり飼育しやすいです。常温でピンポンパールを飼育できるという喜びを味わう日は思ったより早く訪れました。小さめの鉢などでも飼育でき、人気はうなぎ上りです。全国各地で販売されていて、最寄りのショップで導入トリートメントの済んだ個体を入手するとさらにリスクを抑えられます。泳ぎが苦手なので、強すぎる水流と入り組んだレイアウトは極力避けたいです。

ゴールデンパールスケール／中国広州産。中国産のパールスケールにごく稀に混ざっている突然変異。数こそ1年に1、2尾程度ですが毎年輸入されています。他の個体はみな赤色を示しており、この黄色は変色しません。透明鱗と黄色の相性が抜群で、明るい黄色になっています

水槽で楽しむ 錦鯉・金魚

金魚 Gold Fish

浜錦
はまにしき
HAMANISHIKI

浜錦／静岡県浜松産

　1978年に発表された浜松の字を冠した傑作。高頭パールを用いて作出されたもので、特筆すべきは極端に肥大化した頭部の水泡状の肉瘤。2つの玉が独立しているかのように並ぶものが良いとされています。中国の高頭パールに比べ、触ると質感が柔らかく、泳ぐとふわふわと揺れてユニーク。浜錦はこれまで中国への輸出も行われており、時折逆輸入されることもありますが、国内で生産された浜錦の魅力は揺るがないものとなっています。

穂竜
ほりゅう
HORYU

穂竜／兵庫県産。当歳の個体でも金斑（茶斑）がしっかりと見て取れます。成長に伴い発色してきますが、金斑の乗る位置や大きさなどは当歳のうちからある程度想像がつきます

　兵庫県赤穂市の金魚愛好家・榊氏が作出した品種。今でいう青竜眼（黒っぽい色をしていたようです）を入手したところから始め、やがて茶斑模様が混じるようになりました。この時すでに穂竜の体色は完成していたのかもしれません。そうしてでき上がった青と茶の美しい竜眼に更紗高頭パールを交配させ、パール鱗を持つ竜眼が完成しました。赤穂市の「穂」、竜眼の「竜」から穂竜と名付けられ、多くの方々が飼育を楽しんでいます。導入時はマジックリーフなどでの滅菌処理が効果的。販売店で処理されている場合は問題ないので、入荷直後に入手する際のみ注意。

穂竜／兵庫県産

黒青竜／兵庫県産。穂竜の系統から出現する"変わり竜"の名称で流通する個体。大きく分けて"黒青竜（こくせいりゅう）""五花竜（ごかりゅう）"の2つがあります。黒青竜は浅葱を主体とした白地に黒斑が乗る個体（ツートンに見えます）。五花竜は浅葱を主体とした白地に赤・黄・黒などが点在する個体。五花竜のほうが出現率が高く、黒青竜のほうが希少だと言えます

五花竜／兵庫県産

竜眼パール

りゅうがんぱーる

RYUGAN PEARL

三色竜眼パール／静岡県浜松産

桜竜眼パール／静岡県浜松産

竜眼（出目オランダ）にパール鱗が見られる系統。浜松で主に生産されており、穂竜や浜錦の影響も大きいと思われます。赤・更紗・桜・三色・黒など幅広い色柄があります。中国からの輸入は少なめ。出るもの全て出したと言わんばかりの奇抜な品種です。

江戸錦

えどにしき

EDONISHIKI

江戸錦／愛知県弥富産。横見での観賞においては体高があったほうが見応えがあるので、このような個体を選びたいところ。色柄は飼育者の好みで問題ありません

江戸錦／愛知県弥富産。埼玉の問屋でも弥富産の江戸錦は人気があるとのこと。選出しなくともお気に入りの個体が見つかるかもしれない点も金魚探し・個体選びのおもしろいところ

江戸錦／愛知県弥富産。赤勝ちを好む人にはこのような個体を。白勝ちと対にして混泳させるなどしてもおもしろいです

らんちゅうと東錦との交配により作出された品種。生産地より江戸の名が付けられました。品種としての維持が難しい金魚とされ、現在、弥富／深見養魚場などで浅葱色の美しい江戸錦が生産されていますが、作り手が少ないのが現状。浅葱にばかり目が行きがちなキャリコ体色ですが特有の黒目なども出現し、元来上見向きとはいえ、丸みを帯びた背なりのものが多く横見飼育でも十分楽しめます。「紅白に浅葱」や「白黒」の個体も稀に見られますが、江戸錦の系統としては選別淘汰されてしまいます。品評会や仔引きを意識していない一般飼育者にとって、これほど1点ものにふさわしい個体はいないでしょう。水槽での横見飼育の需要を高め、系統維持から外れた非常に見栄えの良い個体が市場に流通するようになれば、自ずと生産者も増えるのではないでしょうか。間接的ではありますが、横見飼育の文化が定着することにより江戸錦の系統維持に力を添えられるのではないかと感じています。

金魚の品種●浜錦／穂竜／竜眼パール／江戸錦

Gold Fish

桜錦／愛知県弥富産。半透明鱗独特の普通鱗の点在がおもしろい個体。普通鱗の多い個体は普通目になっていることが多く、黒目が好みの人は透明鱗が多い個体を選ぶとベター

桜錦／愛知県弥富産。若いものの、はっきりとした白の混ざらない黒目がかわいらしくです。成長につれて変化する部分の多い金魚ですが、黒目は大型に成長しても変わりません

桜錦／愛知県弥富産。体表後方は赤に染まり、中央から頭部にかけて複雑な紅白の模様を見せます。半透明鱗特有のグラデーションがかった表現もすばらしいです

桜 錦

さくらにしき

SAKURANISHIKI

　江戸錦から黒の発色をなくし、半透明鱗の紅白に改良して作出された品種。弥富／深見養魚場で作出され、1996年に発表されました。普通鱗と透明鱗のバランスが美しく、何よりも白と明るい緋色のコントラストが美しいです。江戸錦ほどではないものの背に丸みのある個体が多いです。元より上見で優劣が決められる品種であり、頭部の肉瘤や吻端の発達は本家のらんちゅうに劣ってしまいますが、横見での観賞価値は非常に高いです。江戸錦同様、黒目の個体も出現します。選ぶ際のポイントは主に背なりと色柄。肉瘤の発達していない小型の個体から選ぶことがほとんどですが、ある程度目測が立てられます。滲むような緋の色使いで、単に紅白と呼べないグラデーションがかった体色を見せる個体もいます。

桜錦・赤／埼玉県産。桜錦とは本来、紅白の柄を指していますが、中にはこのような単色の個体も。一見素赤に見えなくもないですが、透明鱗の点在により桜錦から出現したものだと理解できます

桜錦・白／静岡県浜松産。こちらは白の単色というより白と銀のツートンカラー。半透明鱗がさらにわかりやすくなります。赤の単色より出現率が低いと思われます

金魚の品種 ● 桜錦／もみじらんちゅう

もみじらんちゅう／愛知県弥富産。大型の個体を見ることが少ないわりに小型個体があふれていない状況です

もみじらんちゅう／愛知県弥富産。白勝ちの個体も非常に趣があります。桜ほどのグラデーションはないものの、網透明鱗独特のマットな質感が赤を濃く見せます。赤の配置などを気にしながら選ぶと良いでしょう。網透明鱗は黒目勝ちな個体が多く、白ベースの色彩ではより映えてきます

もみじらんちゅう | MOMIJI RANCHU

　網透明鱗の鱗を持ったらんちゅう。引きで見ると半透明鱗のような透明感を感じてしまいますが、寄って見てみると妙な光沢が確認できます。初めて流通したのは弥富市場でしたが、日本各地の養魚場や愛好家の養魚池でも出現していたそうで、突発的に出現する表現だとも言えます。弥富や埼玉、千葉、愛好家の養魚池などでも生産されており、非常に人気が高い品種。江戸錦や桜錦に比べて流通量は少ないものの、わりとコンスタントに入荷されます。生産者によってさまざまですが、背なりは丸く改善されているように思えます。網透明鱗なので完全な黒目にはなりにくいですが、ほとんどが黒目勝ちな個体ばかりなので愛嬌がありかわらしい金魚です。赤をはじめ更紗や白も流通し、千葉では青までもが生産されています。カラーバリエーションも豊富な品種なので、今後の需要拡大、生産者増加に注目したい品種。

もみじらんちゅう・白／愛知県弥富産。もみじらんちゅうにも単色は存在します。素赤の流通量が圧倒的に多く、もみじと言えば素赤を思い浮かべるほどです。更紗は流通量が少なく、その中でも白は極端に少ないと言えます。黒目と白のバランスが非常に良く、国内有数の「かわいらしい金魚」です

金魚
Gold Fish

更紗中国らんちゅう／中国福建省産。昔ながらの中国らんちゅう。背が一直線で小型の個体ながら肉瘤の発達が著しいです

更紗中国らんちゅう／中国広州産。広州産の中国らんちゅうは背に丸みを持ったものが多く、肉瘤の発達も顕著で、餌による効果も大きいです。大型化させればさせるほどかわいらしい泳ぎになる点など中国らんちゅう独特の魅力が垣間見えます

中国らんちゅう

ちゅうごくらんちゅう

CHUGOKU RANCHU

　背鰭がなく、丸みをもったらんちゅうは、日本・中国・アメリカなど各地で親しまれています。上見を重んじ改良・交配をされてきた品種です。各地で品評会が行われており、その飼育技術、交配技術を競い合っています。中国には、400年ほど前にらんちゅうのベースとなる個体がいたとされ、当時の体型は背が平たく現代の丸みのあるらんちゅうとは全く異なるものだったそうです。背に丸みを出すための改良が進み、近年流通している丸みのある中国らんちゅうの姿になっていきました。ただし、全てが丸くなったわけではありません。背の平たい昔ながらの系統もごくわずかではありますが維持されています。ピンポイントでそういったファームの個体を入荷してみると、たしかに全ての個体の背が平たいのです。昔ながらのらんちゅうとして、はっきりと系統維持されたものかどうかは判断できませんが、丸みのある今どきのらんちゅうの輸入便の中でごく稀に背が平たく、胴が細い先祖返りしたかのような個体を見つけると、スタート地点は同じなんだと改めて感じられます。

　中国では各々の養魚場がらんちゅうを発展させ、独自の系統・品種を持っていることがわかります。"中国らんちゅう"から名を変え、輸出されるものは多種多様で、肉瘤を可能なかぎり肥大化させた"ライオンヘッド"、肉瘤を上から押しつぶしたような"猫頭"、尾鰭を極限まで小さくした"スモールフィン"などが挙げられます。新系統から察するに、横見で観賞す

金魚 Gold Fish

金魚の品種 ● 中国らんちゅう

中国更紗らんちゅう／中国広州産。広州から輸入された個体ですが、その背なりから中国らんちゅうの系統を色濃く受け継いでいるように見えます

中国更紗らんちゅう／中国広州産。中国金魚特有の変わり柄・1点ものは更紗の系統でも現れます。桜柄のような配色がユニーク。頭部中央に入る赤がインパクト抜群

中国らんちゅう／中国広州産。3歳の個体も頻繁に輸入されています。大型水槽に2、3尾を泳がせるのもおもしろいです。また、大きめの個体であれば、5cmほどのサイズ差はそこまで気にならないので、多少サイズが違っていても混泳させてみるのも一つの手。金魚のトラブルはメスが負けてしまう事例が最も多いです

中国白らんちゅう／中国広州産。赤や更紗の中に時折混ざる白い個体

中国更紗らんちゅう／中国福建省産。これぞライオンヘッドと言いたくなる過剰な肉瘤の発達で、なんと当歳なのです。視界が悪そうに見えてしまいがちですが、問題なく餌を食べられるので心配ありません。水槽内のアクセサリーを減らし障害物を減らすようにしましょう

中国更紗らんちゅう／中国福建省産。だれがどう見ても何かのキャラにしか見えないかわいらしい中国らんちゅう。頭をスッポリと覆うような肉瘤の発達を見せる個体は少なく、希少。時折、心配になってしまうこともありますが問題なく飼育できるので安心してください

る文化が中国各地で根付いているように思えます。容姿を変幻自在に変え、今後も水槽の前で愛嬌のある泳ぎを見せてくれるに違いありません。販売店の売り場に立っていて強く感じることが、「国産と中国産の需要の違い」です。そもそも観賞するポイントや理想の形がまるで違うので、全く別の品種と思っていただいてかまいません。比べる意味が全くないことを踏まえ、「やっぱり○○産でないと！」という感覚は各々が感じていればいいだけのことです。

金魚 Gold Fish

中国江戸錦／中国広州産。最も多く流通するのは広州産の中国江戸錦。バランスの良い配色をしている個体も多いですが、体型にばらつきがあるため、個体選びは慎重に

中国江戸錦／中国広州産。配色によってカラーパターンはさまざま。赤の極端に少ない個体はこのようにほぼ白と黒のツートンに。中国江戸錦の個体選びはやはり色柄から始めてしまうものです

中国江戸錦／中国広州産。赤なしがいれば白なしもいます。白の発色はほとんど見られず、赤と黒のツートンで構成されている個体。"ゼブラ"と呼ばれることもあります

中国 江戸錦（三色らんちゅう）

ちゅうごくえどにしき

CHUGOKU EDONISHIKI

　らんちゅうの半透明鱗品種。この品種は比較的新しく作出されたもので、1900年代に入ってからのこと。らんちゅうをなぞるように初期の三色らんちゅうは背が平たく、肉瘤のみを意識して系統維持されていたものと思われます。広州や福建省で主に生産されており、産地ごとにも容姿の違いが見受けられ、各々が特徴を持っています。広州のものは比較的小さなサイズで輸入されていて、色柄の均一性が取れています。浅葱色の美しい個体も混ざっており、日本の江戸錦の系統を感じさせる品種です。近年、1点ものの生産・輸出も増えてきています。福建省のものはとにかく大型化する傾向にあり、当歳で15cmを超えてくる個体が多く、肉瘤・胴体のボリュームは申し分ありません。カラーバリエーションに富んでいることから人気が高いです。近年、シルエットを崩していない点から見ても横見飼育での需要が高いことが窺い知れます。ひと口に「三色らんちゅう」といっても、その表現・表情はさまざま。なお、中国産の個体でも、単に「江戸錦」として販売されていることが多いので、産地をチェックしてみましょう。

中国江戸錦／中国広州産。中国江戸錦は系統の兼ね合いもあり、このような白を基調としたバリエーションが多かったです。今でももちろん多いのですが、赤勝ちや黒勝ちの流通割合も増えてきており、白勝ちの中から赤勝ち・黒勝ちを探すといったようなこれまでのイメージは払しょくされつつあります。それだけカラーバリエーションの面で多様性を見せつつあるのが現在の流通の現状

Gold Fish 金魚

金魚の品種 ● 中国江戸錦

中国江戸錦／中国広州産。カラーバリエーションに富んでいる本品種で実際に最も人気なのは白勝ちの個体

中国江戸錦／中国広州産。赤が少なめの白黒のツートン。このウシのような配色の個体が三色構成の中に紛れ込んでいるのです

中国江戸錦／中国広州産。白がバンド状に見られる変わった柄の個体。唯一の白が大胆なバンド状

中国江戸錦"銀鱗"／中国広州産。銀鱗タイプの中国江戸錦。大きく成長すると光沢が増し、全身が光を伴う姿に。銀鱗タイプの光沢は白を基調とするので、小さいうちに判断がつかない場合は白勝ちの個体を選んでみましょう

中国江戸錦"ゼブラ"／中国広州産。"ゼブラ"と呼ばれる表現。白が見られない赤と黒のツートンカラー。黒の多さも申し分ありません

中国江戸錦"ゼブラ"／中国広州産。黒らんちゅうの色が剥げた個体ではなく、れっきとした中国江戸錦。透明鱗も見られ、半透明鱗の表現であることがわかります。ここまで黒が多い個体は非常に希少

中国江戸錦"麒麟三色"／中国福建省産。中国で人気の高いカラーバリエーションで、"麒麟三色"と呼ばれている表現。羽衣調に黒と白が上下に染め分けられ、黄色や赤が散見できます（赤の発色が見られない個体もいます。その際は透明鱗が見受けられれば中国江戸錦として捉えられます）。この表現では赤が強く発色しないのが特徴で、どの個体も黄色に近い印象

中国江戸錦"変わり柄"／中国福建省産。透明鱗の割合が多く、黒の発色がほとんど見られない変わり柄を見せる個体。背には浅葱色が見られ、黒の代役を果たしています。全体的に淡い色合いをしており、ここまで透明鱗の割合が多いにもかかわらず、目の周りに光沢が見られるのもおもしろいところ

中国江戸錦／中国福建省産。迫力のあるメスの大型個体。写真の個体で18cmほどでしたが、この手の大型個体はメスが多いです。オスの大型個体は少ないので個体選びの参考にしてほしいところ

中国江戸錦／中国福建省産。やや黒が多いかもしれませんが中国で最も人気のある色柄。赤がはっきりと分かる場所に差し、黒勝ちのツートンで構成されています

中国江戸錦／中国福建省産。すばらしい発色を見せる個体。インクを落としたかのような蛍光色のような赤が魅力的。福建省産でのみ見られる発色です

金魚
Gold Fish

中国桜錦／中国広州産。現地セレクトにて輸入された個体。目の周りの肉瘤は本来あってはならないものとされそうですが、その部分がこの個体の表情を作り上げています。眠たそうな表情がなんとも言えず、上見では味わえない「個体の魅力」だと言えます。また、体表の鱗の9割以上が透明鱗なのにもかかわらず、目の周りの光沢を保持しているあたりも希少価値として評価したいところ。ここまで透明鱗主体であれば、目の周りも透明になり、黒目になっていてもおかしくありません

中国桜錦／中国広州産。中国らんちゅうのようですが、実際は中国桜錦から出現した半透明鱗の素赤個体です

中国桜錦

ちゅうごくさくらにしき
CHUGOKU SAKURANISHIKI

　中国で江戸錦が作出された時期に、すでに出現していたとされる半透明鱗の品種。黒がいっさい入らない紅白に浅葱のみが表現された個体なども見られることから、三色らんちゅうの副産物としても知られています。半透明鱗とありますが、普通鱗と透明鱗の比率にこれといった決まりはなく、近年では普通鱗の割合が多い個体を"銀鱗〜"、普通鱗が1枚もない個体を"全透明鱗〜"として人気を博しています。それだけでなく、半透明鱗の表現を持っていながら体表の9割以上の鱗が普通鱗である"総銀鱗"も登場し話題となっています。紅白の比率、普通鱗と透明鱗の比率、それだけのことかもしれませんが、たったの二色でこれだけ個体差がある品種は珍しいです。

更紗の中国らんちゅうや三色らんちゅうと混泳飼育されているケースも多く、今後も人気がなくなることはないと確信しています。広州や福建省などで積極的に生産されていることから輸入も安定しているので、目にする機会も増えることでしょう。

中国桜錦"銀鱗"／中国広州産。小型の個体で人気が高いのは普通鱗の割合が多い銀鱗と呼ばれるタイプ。成長しても普通鱗が減ってしまうことはなく若い段階での印象はそのまま

金魚 Gold Fish

金魚の品種 ● 中国桜錦

中国桜錦／中国福建省産。普通鱗がタスキのように肩口に入る個体。普通鱗と赤い鱗との関係性はそこまでないのですが、きれいに赤い部分に沿うように光沢が見られます。

中国桜錦／中国福建省産。白勝ちの桜柄で、赤が点在する個体です。このタイプの表現は出現しにくく、容易に見つかるものではありません。中国国内・諸外国でも人気が高い色柄

中国桜錦／中国福建省産。雌雄の中国桜錦を並べたところ。左がオスで、右がメス。オスは丸みこそあるものの、やや卵型で引き締まった印象を受けます。上から見るとややスレンダーに見える個体が多いです。メスは成長とともに丸みが増し、腹部が下に向かって成長する傾向があります。3歳魚のサイズになっていればパッと見で雌雄がわかります

中国桜錦／中国福建省産。同一個体の両面。左右の柄に均等が取れている個体は上見はもちろん、横見での観賞価値も非常に高いです

中国桜錦／中国広州産。中国桜錦を選別して仕入れる際、必ず横見を意識し個体を選びます。1尾1尾の魅力やおもしろい点、表現の違和感などを判断しながら入荷を行います。稀にこんな個体を探していると絵を書いて見せる愛好家もいますが、この選びかたなら過去にもわりと近い個体を探せています。とはいえ、理想とまったく同じ個体を探すのは終わりのない旅のようなものです。販売店へのリクエストは雰囲気だけ伝える程度で

水槽で楽しむ 錦鯉・金魚

金魚
Gold Fish

中国もみじらんちゅう／中国広州産。以前は素赤しか流通していなかった中国もみじらんちゅうですが、今では美しい配色の紅白の個体も安定して流通するようになりました。紅白模様が増えているわけですが、もみじ＝素赤というイメージが強いのか素赤が人気

中国もみじらんちゅう／中国広州産。紅白模様の中国もみじらんちゅう。部分的に鹿の子のように等間隔に赤色が点在しており、非常に美しい1尾

中国桜錦／中国福建省産。色が薄めだといわれそうですが、この個体はちょうど良い加減です。というのも、もみじ特有の濃い赤の発色が見られないおかげで、引きて見ると更紗か桜かもみじかがハッキリとわからないからです

中国もみじらんちゅう／中国福建省産。福建省の中国もみじらんちゅうは年々丸みを帯びてきています。それに加え、スモールフィンに改良していく傾向も見られるため、結果、どんどんかわいらしい外見に。横見での飼育に特化し今もスタイルを変化させているので、今後注目の産地。ぶりぶり泳いでいる姿は癒し以外の何ものでもありません

中国もみじらんちゅう

ちゅうごくもみじらんちゅう

CHUGOKU MOMIJI RANCHU

2000年以降に流通するようになった品種・表現で、網透明鱗と呼ばれる鱗を持ちます。引きでみると半透明鱗のような透明感を感じてしまいますが、寄って見てみると鱗の中心に光沢を確認できます。日本でも確認されている系統で網透明鱗を持つ品種にばらつきがあることから、輸入・輸出によって系統を取り入れたわけでなく、それぞれの産地・系統で突発的に出現したものだと考えられます。以前は素赤の大型個体が主流でしたが、近年は生産も安定しており、小型個体から大型個体までが輸入されています。最近では素赤だけではなく更紗も流通し始めています。広州、福建省からは特にコンスタントに輸入されており、他の中国らんちゅうと同じ容姿をしているため、流通までを含めた生産体制が整っていると思われます。

中国もみじらんちゅう"丹頂タイプ"／中国福建省産。福建省産の個体に限っては、古くからの系統を保持しており、丹頂柄が多く見られます。もみじと白地の愛称は非常に良く、網透明鱗によって色調が濃くなるのです。ベタッと塗られたような白色を見せる個体も多く、赤の発色も相対的に濃いものが多いため、目に訴えかける色みとして全体的に濃い印象。白地の役割を考えての系統維持であればみごととしか言いようがありません

自分だけの1尾を選ぶために

　国内外問わずそのほとんどが10cm未満のサイズで、年中何かしらの品種が流通しています。真剣に探せば探すほど、選ぶ候補が多すぎるという問題に直面することでしょう。一般的な観賞魚販売店でも多いと1品種30〜50尾前後在庫しており、金魚専門店だとケタが違うこともあります。無数の金魚から光り輝く1尾を探す瞬間は非常に楽しいことではありますが、気に入る1尾を探すのは実に大変です。水槽や舟のそばに近づいた途端、金魚たちがあちこちに泳ぎ散ってしまうことがよくあります。そんな時は迷わず販売店のスタッフに声を掛け「体型重視で選んでほしい」「こんな柄を探しています」「両方の目が黒目じゃないとダメなんです」と、ざっくりと要望を伝えたうえで候補を選んでもらうと良いでしょう。そうすれば「何尾かの中から1尾を選ぶ」ことになるので、より効率的でお勧めというわけです。これは筆者の経験則ですが、お客さんに候補を出してほしいと頼まれると、なぜだか気合いが入るもの。メンツをかけてというかそれ相応の選別をしないと、という気持ちになります。

　一方、大きな金魚はあまり見る機会がないかもしれません。日本では品種の系統を維持する意識が非常に強く、生産した全ての個体を1尾1尾厳選し、その中でも特に優れたものは同系統の種親に用いることとなります。1尾あたり5000〜10000個もの卵を数回にわたり産むことを踏まえると、同世代での種親候補と、そうでない個体にはそれ相応の差が生まれてしまいます。養魚場が種親に用いるような個体は観賞価値が非常に高いのですが、それらは出荷されることはなく系統や歴史を繋いでいくための領域で欲しがることも許されません。しかし、種親になれるのはごく一部の個体だけで、候補になれなかった個体が出荷されることになります。金魚の産卵時期はだいたい3〜5月。産卵は気温・水温・気圧などによって左右され、産卵前線とでもいうべきか九州から北へ北へと時期が変化していきます。入手したい金魚の生産地がわかれば、ひと月ほど遡って出荷時期をある程度予想できます。系統の定義に沿った良魚でないなら実際はそこそこの数が流通しています。専門店に相談し、深いこだわりがなければわりと入手できるのではないでしょうか。

　大型個体は中国産のものも流通します。中国では古くより用いられている飼育書があり、池の深さ・餌の種類・水換えのタイミング・時期に応じての管理方法などが記されているそうです。日本金魚ほど種親を厳選しているかどうかは実際には不明ですが、繁殖の時期は日本よりも長く、各産地で年中途切れることなく生産されています。冬になっても小さな個体が輸入されてくる面からみても、秋口にしっかり繁殖させる養魚場が多いのでしょう。それだけの生産量・生産力を持っているのに加え、飼養速度があまりにも速く、当歳〜2歳での大型個体の流通も圧倒的に多いです。中国金魚を中心に取り扱う販売店に事前に相談しておけば、好みの1尾が入手できるかもしれません。

伊藤養魚場産（弥富）更紗和金

筆者が管理していたコメットと朱文金の販売水槽

広州（中国）の養魚場。奥のほうまで全て池

福建省の金魚コンテストで入賞したセルフィンらんちゅう

金魚
Gold Fish

黒らんちゅう／中国福建省産。福建省産の迫力ある個体。元々の飼養環境のせいか成長速度が著しく速いのが特徴的で、当歳の個体でも10cm以上に育っていることが多いです。水槽環境に移動してしまえば成長は緩やかになるので、大きくなりすぎる心配はありません

黒らんちゅう／中国広州産。中国では各産地で黒らんちゅうが生産されています。タイのものとは雰囲気が異なり、江戸錦と江戸錦の交配から得た鉄色のらんちゅうも含まれます。上海でも生産されているため、3大産地の黒らんちゅうを集めて飼育してみてもおもしろいです

黒らんちゅう／タイ・バンコク産。"シャムブラック"と称賛されるタイの漆黒のらんちゅう。どのような経緯でこのような黒を得たかは定かではないですが、黒出目金のような厚い色合いを見せています。ケガをしたりすると、その部分だけ表皮が剥がれ金色の下地を見せるのも黒出目金との共通点として挙げられます

黒らんちゅう
くろらんちゅう
KURO RANCHU

　初めての黒らんちゅうは中国で作出され、瞬く間に脚光を浴び普及品種まで上り詰めました。その黒の濃さは黒出目金に通ずるものがあり、初めて見た人でも衝撃を受けてしまうほどの容姿。中国から輸入されてくるものは主に広州、福建省産のものが多く、どれも中国らんちゅう特有の丸みのある形をしています。どちらが濃いということはなく、広州産は中型個体、福建省産は大型個体といった差があります。近年、特にタイ・バンコク産のものは"シャムブラック"として評価されており、その黒の濃さから非常に人気が高いです。タイからは小型個体も輸入されており、日本でもわりと安価で、初心者の手に行き渡るほどに流通しています。日本では浜松で生産されるようになり、当時の市場ではその圧倒的な黒さに沸いたものです。タイ産の個体を用いているそうですが、その容姿はすでにタイ産のそれとは違い、唯一の黒らんちゅうを確立させています。どの産地のものでも入手できますが、ひとまず流通過程の温度変化だけは販売店にチェックすることをお勧めしたいです。

黒らんちゅう／愛知県弥富産。弥富市場で出品されていた個体。こちらも江戸錦の交配により得た体色であると想像できます。飼育下での体色変化も顕著で、屋外で飼うとかなり黒くなる品種。室内で蛍光灯のみでの飼育となると、鉄色に寄っていくと思われます

金魚
Gold Fish

金魚の品種● 黒らんちゅう／青らんちゅう

青らんちゅう／中国上海産。輸入は稀で探している金魚飼育者も多い中国産。羽衣に変化する個体が多く、輸入に伴うストレスや水質環境の著しい変化による影響だと考えています

青らんちゅう
あおらんちゅう　AO RANCHU

　青文色をしたらんちゅうで、中国では高貴な色合いとされています。個体ごとにコントラストに違いが見られ、薄いものから濃いものまでさまざま。保護色機能にも優れ、飼育される環境で色合いを変化させることができます。年齢を重ねると褪色が始まり、羽衣らんちゅうへと変化する個体もいます。2000年以降、定期的に輸入がありましたが、近年輸入が減ってきている印象です。生産者の減少か中国国内の需要上昇のためなのかははっきりしませんが、今後も輸入され続けてほしい品種です。国内では主に弥富／深見養魚場で生産されており、日本特有のらんちゅう体型でファンが多く、水槽飼育する愛好家にも人気が高いです。どのような体型の個体を飼育したいかによって、中国産、国産とで二分されます。

青らんちゅう／愛知県弥富産。有数の人気を誇る弥富／深見養魚場産の青らんちゅう。流通は安定していますが深見養魚場特有の品種なため、時期にもよりますが需要が増えすぎると市場から姿を消すことも。羽衣に変化する個体もいますが、魚が若いうちは判断できません。大きな個体で全身青に染まっていたとしても何らかの条件が満たされると褪色が始まってしまいます。要因は定かではなく、高水温、ストレス、環境変化、加齢などではないかとされています

金魚 Gold Fish

茶らんちゅう

ちゃらんちゅう
CHA RANCHU

茶らんちゅう／中国広州産。
赤とも黒とも取れないしっかりと発色した茶らんちゅう

茶金のような体色をしたらんちゅうで青と対とし、中国では高貴な色合いとされています。青らんちゅう同様に、個体ごとにコントラストに違いが見られ、薄いものから濃いものまでさまざま。保護色機能にも優れ、飼育される環境で色合いを変化させます。国内での生産はほぼなく、中国独自の珍しい品種と言えます。2000年以降、定期的に輸入がありましたが、近年輸入が減ってきているように感じます。生産者の減少か中国国内の需要上昇のためなのかははっきりしないですが、今後も輸入され続けてほしい品種です。

メノウらんちゅう

めのうらんちゅう
MENOU RANCHU

メノウらんちゅう／中国広州産。青文色とはまた違う
茶色がかった銀のような体色をしており、茶斑が尾
先に入っているのがわかります

瑪瑙は鉱物の1カテゴリーの総称で、さまざまな色合いのものがあります。本品種でいうメノウ色は、茶金の色を薄めて乳白色にしたような色合いで、褪色や色の変化は起こりません。保護色による多少のコントラストの変化が起きる程度です。日本に輸入された初期のメノウらんちゅうは濃い青文色と、焦げ茶とも言える茶金体色が均等に表現された個体でした。それ以降、同じメノウの名で乳白色のタイプが輸入されています。青文色と茶金色が強く関係しているということは理解できますが、どちらの表現なのかがわかるような表記・呼び分けをしていく必要があるのかもしれません。

シルクらんちゅう

しるくらんちゅう
SILK RANCHU

シルクらんちゅう／中国福建省産。
2014年に入荷した個体。

中国金魚を代表する変わり柄であり、とても人気が高い品種。全透明鱗ゆえの黒目かつ白のみの配色であるため、非常にかわいらしい金魚です。流通はきわめて少なく、小型の個体であれば中国桜錦の中から稀に発見できます。

タイガーらんちゅう（トラらんちゅう）

たいがーらんちゅう
（とららんちゅう）
TIGER RANCHU

金魚の品種 ● 茶らんちゅう／メノウらんちゅう／シルクらんちゅう／タイガーらんちゅう／ショートボディ中国らんちゅう

タイガーらんちゅう／中国福建省産。黒が飛ばずに維持できていればラッキーぐらいの感覚で飼育するほうが良いかもしれません

全身普通鱗で構成されている白の入らない金魚。半透明鱗性で白が発現しないものではなく、素赤に黒が入っているという認識のほうが正しいです。半透明鱗の三色に含まれる黒は変化が起きにくい反面、このような表現の黒は減退してしまうことも。

タイガーらんちゅう／中国福建省産。黒の面積が非常に多く、迫力満点。ここまで黒くても抜けてしまうことが多く確認されています

ショートボディ中国らんちゅう

しょーとぼでぃ
ちゅうごくらんちゅう
SHORT BODY CHUGOKU RANCHU

中国金魚らしい独特な風貌がたまらない品種。奇形といえば奇形なのですが、それはあくまで品種としての定義に沿っていないだけであり、転覆症の危険性さえ理解していれば飼育にはあまり影響がありません。

ショートボディ中国桜錦／中国広州産。中国桜錦の大群の中を必死に泳いでいた1尾。突発的に出現する表現だと考えられます

ショートボディ中国江戸錦／中国広州産。半透明鱗も見られ、この黒は抜けそうにないと思わせる派手ですばらしい個体

金魚 Gold Fish

出目らんちゅう

でめらんちゅう

DEME RANCHU

もみじ出目らんちゅう／中国広州産。以前は赤や更紗が主流でしたが、網透明鱗のもみじ体色なども見られるようになりました

黒もみじ出目らんちゅう／中国広州産。"黒もみじ"なる黒の網透明鱗個体。マットな黒ではなく、全身に光沢が見られる不気味な色柄

出目中国江戸錦／中国広州産。中国江戸錦かと思って近づいてみると目が出ていたという1尾

　中国らんちゅうの頭部に見られる発達した肉瘤を持ちながら出目の表現を持つ品種。明確な流通時期ははっきりとしていませんが、中国らんちゅうの肉瘤の発達・流通を受けて発展した品種だと思われます。目の突出もしっかりしている個体が多く、系統はしっかり維持されています。主に広州から輸入され、カラーバリエーションも多いです。流通は少なめ。小型〜中型の個体はクオリティにムラがあり、背が凹んでいるものや目のバランスが悪いものなども。大型の個体は丸みのある胴体に肉瘤も申し分のない個体が多いです。ここ数年、日本国内でも関東などで出目らんちゅうが生産され始めています。

ロングフィンらんちゅう（丹鳳）

ろんぐふぃんらんちゅう

LONG FIN RANCHU

ロングフィンらんちゅう"銀鱗"／中国広州産。通常の中国らんちゅうより尾鰭が発達しているのが確認できます

三色ロングフィンらんちゅう／中国広州産。以前とは系統が違うためか、尾の伸びは控えめ

　"鳳凰尾"と呼ばれる尾鰭を持った中国で作出された品種。中国らんちゅうの胴体の丸み、発達した肉瘤を活かしたまま、尾鰭を伸長させる改良が施されています。流通初期の丹鳳は福建省で生産されていて、尾鰭のみが伸長しオランダや丹頂のような肉瘤をしていました。その後、流通が減少していくこととなり、久方ぶりに輸入されたものは広州で生産された個体で、形態を変え肉瘤が控えめになっており、尾鰭だけではなく各鰭までが伸長した個体でした。赤や更紗が主流だったものが桜などに切り替わっているのも特徴。福建省での生産は続いているようです。

金魚

Gold Fish

金魚の品種●出目らんちゅう／ロングフィンらんちゅう／セルフィンらんちゅう

青セルフィンらんちゅう／中国福建省産。迫力満点の青セルフィンらんちゅう。小型個体と大型個体の輸出にムラがあり、どちらかしか輸入されないことが多いです

桜セルフィンらんちゅう／中国福建省産。以前広州から輸入されていたセルフィンらんちゅうはこのような体型をしていました。やや長い胴体に肉瘤が気持ち程度といったところ

青もみじセルフィンらんちゅう／埼玉県産。青の網透明鱗か、かなりの変わり柄なのですが評判は良いです。需要が増え安定した流通が増すことに期待

セルフィンらんちゅう

せるふぃんらんちゅう

SAILFIN RANCHU

　背鰭を欠くことによりその特徴的な外見を手に入れたらんちゅうに、再び背鰭を付けたとされる品種。中国には2タイプ存在し、広州から初めて輸入されたタイプは中国らんちゅうにそのまま背鰭だけが付いたような容姿でした。どのような金魚を交配させて再び背鰭を手に入れたかは不明。もう1タイプは福建省で生産されている系統で、こちらはオランダ（三色オランダ）を用いたとされています。オランダのおかげか中国らんちゅうでも見られないような円に近い体型をしており、どの個体も総じて体高があります。肉瘤は頭部全体を覆うような発達を見せていますが、ボリュームはありません。一見、中国らんちゅうの面影がないのですが、その愛くるしいシルエットと動きから近年人気が高まっています。一方、東南アジアで生産されるものは、日本のらんちゅうに背鰭が付いた容姿で、その品種名がしっくりときます。近年、日本のらんちゅうの血を系統に入れ始めていることもあり、これからの発展に期待したいところです。日本でも関東ではセルフィンらんちゅうの生産が行われ始め、小型〜大型個体の流通が増えてきています。カラーバリエーションが豊富で、黒、網透明鱗、全透明鱗なども生産され始めています。

三色セルフィンらんちゅう"銀鱗"／中国福建省産。

金魚 Gold Fish

セルフィンらんちゅう SAILFIN RANCHU

三色セルフィンらんちゅう／中国福建省産。福建省産の系統は半透明鱗の三色が最も多いです。見栄えが良く、変わった柄が出現しやすいことが大きな要因と言えます。体型や頭部の形状に若干の差異は見られるものの、大型個体の中では比較的輸入されています。浅葱色の発色が良い個体が例年増加傾向にあり、クオリティが向上しているのがよくわかります

三色セルフィンらんちゅう／中国福建省産。オスはこのような美しい黄色の発色を見せる個体が多いです。この発色は"黄頭"などと呼ばれ、本来は頭部にのみ表現されるものですが、全身が黄色く染まった個体が多いことから、この系統ゆえの特殊な表現だと思われます

桜セルフィンらんちゅう／中国福建省産。この手の半透明鱗の金魚を維持していると必ずといっていいほど桜柄が表れます。桜柄の個体の輸入もありますが数が少ないです

三色セルフィンらんちゅう"銀鱗"／中国福建省産。赤の発色がみごとな三色の個体。この個体よりも普通鱗の多い個体のほうが人気が高いです

赤セルフィンらんちゅう／中国福建省産。そうそう見つからない素赤の個体。この個体は体型が抜群です

黒セルフィンらんちゅう／中国福建省産。黒の流通も多いです。タイのシャムブラックほどではないですが、鉄色と呼ぶには無理があるほど黒い個体ばかりが流通しています。三色ほどの流通量ではないものの素赤よりは多い印象

白黒セルフィンらんちゅう"銀鱗"／中国福建省産。中国のコンテストで入賞した1尾。柄がすばらしく、体型は円に近いです。泳ぎのバランスも良く、佇まいに若々しさも貫録も感じます。この個体、なんと20cmを超えていないながら2歳魚というから驚きです。コンテストで入賞した個体というのはその国の金魚人気のバロメータともなるのでおもしろいです

ロングフィンセルフィンらんちゅう／中国福建省産。セルフィンらんちゅうの大群に紛れてあやしい個体を発見しました。各鰭の長いロングフィンタイプの個体です。突発的な変異だと思われますが、このサイズまで一緒にしておかなくても…と思わせる1点もの金魚でした。小型の個体群を見る機会があったら、どこか変わっている個体がいないかチェックしてみましょう。意外と簡単に見つかるかもしれません

Gold Fish

猫 頭

ねこがしら

NEKOGASHIRA

金魚の品種●セルフィンらんちゅう／猫頭／水泡眼

猫頭／中国武漢産。猫頭としては小さめの個体で、目がしっかり見えていてかわいらしいです

青猫頭／中国武漢産。大きく育った猫頭はまさしく異形。国内の水族館で展示されたことがあるので、関東圏の人は見たことがあるかもしれません

　湖北省東部、都町・武漢でのみ生産されている超希少品種です。奇抜なデザインをしており、上から見るとらんちゅうのようですが、横から見ると頭は平たく押しつぶしたような形状で肉瘤はサイドに漏れるがごとく発達しています。骨格が平たいのでコブもしっかり平たく、さらに体は長いです。現代の金魚文化の中でも奇抜なグループに属しますが、かつての猫頭の姿はもっと異常であったとされています。吻端はなく、体は川魚のように細く和金くらいのイメージと聞きます。ごく少数の生産量のため、輸入は非常に少なく、中国金魚の中で最も希少価値の高い品種と言えるでしょう。

水泡眼

すいほうがん

SUIHOUGAN

更紗水泡眼／愛知県弥富産。個体を選ぶ際は水泡の大きさの均等性、背なりを意識すると良いでしょう

　中国金魚の歴史で最も異形だと言える品種です。1900年代初期には出現したとされており、そこから度重なる選別交配を重ね確立されました。日本には1900年代中期に輸入され、すぐに生産が始まり普及するようになったと言われています。近年では背なりと胴体は丸みを帯び、尾の短い個体が人気を博しているようです。胴の太い個体は非常に見栄えが良く、水泡が大きいとなお良いでしょう。強健で飼育しやすい品種です。

左：青水泡眼／中国広州産、右：白黒水泡眼／中国広州産。胴体に丸みがあって水槽での観賞でも見応え十分

三色水泡眼／中国上海産。中国特有の品種で、国内ではまだ固定されていないと思われます。輸入は多くありません

シルク水泡眼／中国上海産。上海産の三色水泡眼に混ざる貴重な1尾。背に浅葱色が見られ、全透明鱗特有の柔らかい色合いが美しいです

水槽で楽しむ 錦鯉・金魚

金魚 Gold Fish

頂点花房

ちょうてんはなふさ
CHOUTENHANAFUSA

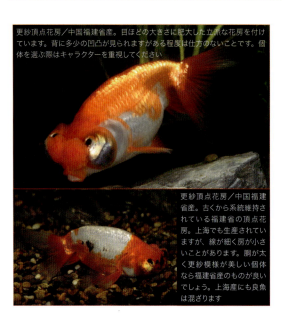

更紗頂点花房／中国福建省産。目ほどの大きさに肥大した立派な花房を付けています。背に多少の凹凸が見られますがある程度は仕方のないことです。個体を選ぶ際はキャラクターを重視してください

更紗頂点花房／中国福建省産。古くから系統維持されている福建省の頂点花房。上海でも生産されていますが、線が細く房が小さいことがあります。胴が太く更紗模様が美しい個体なら福建省産のものが良いでしょう。上海産にも良魚は混ざります

鼻孔部が房状に肥大化したものを花房と呼びます（らんちゅう、オランダなどにも見られ、「花房」と言うと一般的にはそちらを指します）。近年、輸入量が増えている品種ですが、とにかく奇怪です。頂点眼はただでさえ奇怪なのに、さらに不自然な房が付いています。品種の作出にオランダが用いられたかは不明ですが、心なしか胴が太いように思えます。さらには背なりが丸い個体も多く見受けられ、単に頂点眼に房が付いた姿というわけではなさそうです。

地金・六鱗

じさん・ろくりん
JIKIN・ROKURIN

地金／静岡県浜松産。販売店などへの入荷直後の個体は感染症に弱い面があり、滅菌処理を施した水槽環境で迎えてあげると良いでしょう。産地・生産者の異なる個体を混ぜるのは極力避けます

六鱗／愛知県弥富産。腹に赤が入る個体も見受けられます。本来の基準では赤は入りすぎないほうがよいのですが飼育者の好みで問題ないです

尾張・三河地方で長きに渡り系統維持されてきた金魚。系統の保存を主とした厳正な審査のもと品評会が行われています。各鰭・鰓蓋・口が赤く「孔雀尾」と呼ばれる、後方から見てアルファベットの「X」に見える尾が特徴。三河地方のものが「地金」、尾張地方のものを「六鱗」としています。流通販売名は「地金六鱗」と一緒くたにされていることが多いので、体型や産地で判断します。"地金"は体高があり太くガッシリしており、"六鱗"は細めで体が長いです。どちらも人工調色技法が用いられ、皮や鱗を剥くことにより美しい柄を作り出しています（剥くと白い鱗や皮が再生するため）。この美しい六鱗柄は横見での観賞価値も非常に高く、水槽でも飼育可能。ゆったりとしたスペースをとったほうが良いでしょう。

江戸地金

えどじきん

EDO JIKIN

江戸地金／埼玉県産。体型と尾と柄を同時に維持するということはたいへん難しいです

　地金の体型をした半透明鱗かつ三色の品種です。地金の尾形を保ちながらも、異形の品種を掛け合わせるという作出難易度の高さを感じさせる金魚です。孔雀尾を持ち、浅葱色の発色を見せる個体が良いとされていますが、四つ尾に近い個体が多いです。四つ尾ながらも孔雀尾のように上に持ち上げようとする表現が見られます。

藤六鱗

ふじろくりん

FUJIROKURIN

藤六鱗／愛知県弥富産

藤六鱗／愛知県弥富産

　地金の体型で紅白の桜柄を持つ品種。一見、江戸地金の黒なしかと思いきや、作出過程がまるで違います。江戸地金が異形の品種を交配させ作出されたのに対し、藤六鱗は六鱗からの突然変異で生まれた品種。よって、異形の品種を交配させていないため、尾はしっかりと孔雀尾をしているものが多いです。江戸地金より生産量も多く、当歳魚、2歳魚と稀ではありますが流通しています。弥富市場で流通するものの、出荷は多くありません。

Gold Fish

東海錦／静岡県浜松産。当歳の個体も流通していますが調色は甘い個体が多いです。美しい六鱗柄をしている個体は少なく、希少価値が高いです

東海錦

とうかいにしき

TOUKAINISHIKI

パンダ蝶尾と地金の交配により作出された品種。2000年台に作出された新しい金魚です。本来は地金体型に蝶尾が見られるものを良いとしていましたが、孔雀尾の表現が強いです。生産量が少なく、滅多に出会えない金魚ではありますが、しっかりと六鱗柄をした良魚もしばしば流通します。地金のような力強さは少ないですが、反面、優雅さを手に入れた美しい品種です。

青東海錦／埼玉県産。パンダ蝶尾が作出に用いられたからか、カラーバリエーションが豊富。黒やトラが一般的な変わり東海錦として挙げられますが、写真のような青文色の個体も作出されています

金魚の品種 ● 東海錦／オーロラ／三州錦

オーロラ

おーろら
AURORA

オーロラ／埼玉県産。埼玉県では積極的に改良・系統維持されており、胴体に地金らしさを見せるみごとなオーロラが生産されています

胴体は江戸地金をそのままに、孔雀尾を長くすることを目標に作出された品種。つまりは長尾の江戸地金が理想形ということになります。尾を伸長させるために長尾の品種を交配させ、孔雀尾の表現が弱まっています。今では三つ尾または四つ尾で、かつ長く伸長しているのが、この品種の一般的な尾の形状だと言えます。

黒オーロラ／埼玉県産。半透明鱗の三色同士の交配により生まれた鉄色の個体

三州錦

さんしゅうにしき
SANSHUNISHIKI

三州錦／静岡県浜松産。六鱗柄であることから、横見での観賞にも向いています

地金とらんちゅうを交配させ作出された品種。地金の体高があり太い胴体に対し、らんちゅうの肉瘤が程よく乗る何ともかわいらしい姿。面被りのものが良いとされますが、丹頂口紅や両奴で目元が白抜けしている個体もいます。

金魚飼育編
Keep the Gold Fish in aquarium

金魚を水槽で飼育する

ここでは、魅力的な金魚たちを実際に水槽で飼育するための手引きを紹介していきます。錦鯉の飼育と共通次項も多いので、先に紹介した「錦鯉を水槽で飼育する」も一度参照ください。

まずは、水槽とフィルターを決めます。水槽の種類はさまざまで、①フレームあり②フレームレス（オールガラス）③ラウンドタイプ（前面曲げガラス）などが市販されています。設置場所を確保してから、収容する金魚の数などを考慮し水槽のサイズを決めます。水槽のタイプにより、見ため・価格が異なってくるので、好みのものを選ぶと良いでしょう。初めて飼育する人にとって最も重要なのが水槽サイズであり、簡単に調べるだけでもさまざまなサイズの水槽があることがわかります。水槽によって必要なフィルターが異なってくるのでサイズ別に紹介します。

30cm 水槽の場合

30cm水槽飼育例。小型のサイズでちょっとしたインテリア感覚で置ける水槽。水量12～25ℓ程度の水量で、置き場所の問題が少なく導入しやすいサイズです。とはいえ、金魚の飼育には「水量に余裕があること」が不可欠。この規格は水量が乏しいので水質が悪化するスピードが速く、多頭飼いが難しいです。飼育は小型個体1、2尾が限度。成長すると最大サイズは平均15cm前後になり、1尾のみの飼育であっても困難です。水槽をサイズアップしなけらばならないという点も頭に入れておきましょう。

バックスクリーンや砂利などは好みの製品を使えば良いですが、フィルターだけは注意する必要があります。販売店に行ってみると初心者向けとして水槽、フィルター、ライトなどがセット販売されています。ここに入っていることの多い外掛け式フィルターは、ワンタッチで濾材を入れ替えられるメリットこそあるものの、フィルター上部より角度を付けて給水されるので、自然と水槽内に流れができてしまいます。流れによって、餌が流されてしまい金魚が食べられない、流れた餌はフィルターに吸い込まれていくというデメリットだけではなく、泳ぎの苦手な品種は水流に負けてしまうこともあります。そこで、30cm水槽以下の場合は、以下のフィルターをお勧めします。

①スポンジフィルター
- 濾過能力が高く、水流も付きにくい。
- エアーポンプに接続するだけのフィルターなので、初心者でも安心。
- さらに小型の水槽用のサイズも販売されています。
- 5～7日に一度洗浄を行うと良いです。スポンジを取り出し、飼育水で軽く揉み洗いするだけといったお手軽な用品です。エアレーションも兼ねていることから濾過と酸素供給の2つの役割をこなします。

②投げ込み式フィルター
- エアーポンプを接続するフィルターで、さまざまなサイズが販売されています。
- 水流が付きにくくなるアイテムなども市販されています。
- メンテナンスはスポンジフィルターと同様。

これらのフィルターを用いても水流が気になる場合は、ポンプに付いているバルブでエアーの吐出量を調整することも可能です。ただし、吐出量を調整できないポンプは、安価なバルブが市販されているので、金魚の動きをじっくり観察しながら調整してください。

60cm 水槽の場合

金魚飼育で最も使用されている規格。60×30×36（cm）のレギュラータイプで水量50ℓ強、スリムタイ

金魚飼育編 ● 金魚を水槽で飼育する

プ（奥行きのみ短いタイプ）でも40ℓ前後の水量。小さな個体であれば4〜5尾、中型個体は2〜3尾、大型個体は1尾程度が良いでしょう。60cm規格においては、丸みのある金魚であれば終生飼育も可能です。メンテナンスのしやすさ、金魚の選択範囲によって、ストレスなく金魚を飼育できる規格であると言えます。使用できるフィルターもさまざまで、水槽がワイドなため水流もそこまで意識しなくてもよいです。

①スポンジフィルター、投げ込み式フィルター

- 水流が付きにくく、メンテナンスが簡単なうえに、エアレーション効果もあります。大型規格用の製品も販売されています。

②上部式フィルター

- 水中ポンプで水槽内より水を吸い上げ、濾過槽を巡り水槽内に戻る構造です。主なメンテナンスはマットの交換ですが、ワンタッチで簡単に交換できるのもメリットとして挙げられます。上部式フィルターを購入する際、マットのみがセットになっていることが多いです。水質浄化の立役者・バクテリアの棲み処となるリング濾材を別途入手し、マットの下部（ボックスの底）に入れましょう。

③外部式フィルター

- 能力が非常に高く、水槽内および水槽上部がスッキリして鑑賞面で見栄えが良いフィルター。金魚を複数尾導入する場合は、錦鯉と同じく水質調整のためのサンゴ石・カキ殻をお勧めします。ストレーナー部には細目のスポンジを使用し、スポンジ部の掃除は定期的に行います。ひと月に1度ボックス内をメンテナンスし、メインはマットの交換、リング濾材は目詰まりをサッと洗い流す程度でかまいません。ポンプの出力が強いので、流量または給水パイプの向きなどを工夫し、なるべく水流を作らないようにします。

④底面式フィルター

- 先述した上部式フィルターおよび外部式フィルターと繋ぐことができるので、併用すると効果大。
- 底面式フィルターを設置した状態で底床を敷くので若干厚くなりますが問題ないです。
- 使用する際は底面式フィルターの上の底砂に厚みを持たせないと濾過能力が低下してしまいます。
- 併用する上部式・外部式フィルターに異常（故障、目詰まりなど）があった際のサブフィルターとしての役割もこなします。

90cm 水槽の場合

ゆったり飼育するのであれば幅900mm以上の水槽が好ましいです。900×450×450mmとして150ℓを超える水量を確保できるため、発病のリスクが少ないうえ、広大な遊泳スペースがあり、さまざまな個体の混泳が楽しめるでしょう。小さな個体は10尾以上飼育することが可能ですが、それぞれが成長した時に手狭になることを頭の中に入れておくこと。中型個体は5〜6尾、大型個体でも2〜3尾は飼育できます。フィルターは適合するものであればどれでもかまいません。種類は60cm規格に準じます。

底床（砂利・砂）

金魚の飼育では、底床を敷かない方法（以下ベアタンク）が一般的ですが、水槽飼育では底床を敷くのが良いでしょう。フィルターが設置されている水槽では、水中を浮遊する不純物を底床がキャッチし、水の透明感が上がります。鑑賞において非常に重要な要素です。厚みは必要なく、1cm前後にしていただければ問題ありません。

周りの色に馴染むように体色が変わることを「保護色機能」といい、金魚飼育ではそれが顕著に見られます。バックスクリーンや、底床の色みを意識すると保護色機能を引き出せ、より鮮やかな色合いで金魚を観賞できます。たとえば、バックスクリーンを貼らずにベアタンクで飼育すると色が薄くなってしまいます。使用する底床の形状は錦鯉同様、丸みのあるものが好ましいです。角があるものでは小型の金魚の口が曲がってしまうことがあるので注意。販売店には多種多様な底床が販売されていますが、水質変動のない底床を選ぶようにしてください。商品名に「天然」や「川砂」と表記されているものが好ましいです。

レイアウト

生きた水草から、岩、人工的なアクセサリーまで幅広く商品が販売されています。30cm水槽など容量の少ない水槽では、レイアウト素材を入れすぎると遊泳スペースがなくなってしまいます。また、岩や表面積の多いアクセサ

金魚
Gold Fish

リーなどは水槽の容量をも奪うことになります。小さい水槽ほどスッキリとしたレイアウトが向いています。また、金魚の遊泳を完全に遮断してしまう硬いレイアウト素材は、「極力小さなもの」「多量に使用しないこと」の2点を意識するように。金魚藻（カボンバやアナカリス）などは食べられてしまうものの、天然で柔らかいため、金魚の遊泳を完全に妨げることのない有用な水草と言えます。おやつ感覚かつレイアウト素材として使用できます。

60cm規格になると水槽の横幅に余裕ができ、遊泳スペースを確保しやすいため、レイアウトの幅が広がります。とはいえ、水槽の奥行きや高さは小型水槽と同等。レイアウト素材を奥に向けて並べてしまうと金魚の遊泳を遮断してしまうので、横に広くレイアウトするのが良いでしょう。

部屋の中のインテリアとして大きめの水槽でレイアウト素材を積み上げるなどし、奥行きと高さを意識したレイアウトなども可能です。ただし、メンテナンス時は注意するべきことも多く、水質管理に慣れた人が慎重に行うのが望ましいです。

温度調整・ヒーターの使用

金魚は、「夏の暑さ」も「冬の寒さ」も乗り越えてしまう魚であり、時には真冬の氷の下でも強く生き抜いていけるほど。しかし、それは同じ場所で、四季の変化を経験した場合に限ります。また、日本産、中国産の大多数を対象にした解釈で、そうでない金魚も存在します。ここでは一般的な金魚の飼育水温について説明していきます。

「一般的な金魚であれば、年中常温での飼育で問題ない」これを基本とすると同時に「極端な水温変化が一番の天敵」であることを意識しなければなりません。よって、ヒーターで水温を固定してしまえば水温差を発生させずに飼育できるわけです。28～30℃に設定して管理すると白点病などを予防できるといったメリットもあります。なお、ヒーターはダイヤル式のヒーターを使用するのが良いでしょう。26℃固定のオートヒーターだと、白点病が消えないうえに、25℃以下に設定できないといったデメリットがあるので推奨しません。冬季でも20℃前後を保つと、金魚の活性が落ちず観賞を楽しめます。本来、底でじっとして餌も食べない時期なのにヒーター1つでパクパク餌を食べるのです。

大きな水温差が起こりうる「金魚の導入時」が最も大事な場面の1つです。販売店の飼育水温をスタッフに聞き、自宅の飼育水温を近づけるとよいでしょう。慣れてしまえばヒーターを外してしまってもかまいませんが、少数ではあるものの、極端に水温変化に弱い金魚も存在するので注意。東南アジア産の金魚などは現地の水温が35℃に達することもあり、急に冷たい温度で管理すると病気が発生してしまうことがあります。

導入と個体を選ぶポイント

導入する4～7日前にバクテリアを投入して透明な飼育水を用意しておきます。導入直後に粘膜の異常が発生する可能性もあり、あらかじめ粘膜保護成分を投入しておくと無難です。

粘膜保護剤
「プロテクトX」

飼育する準備ができたら、いよいよ金魚を導入します。「金魚の状態」「水温」「水質」の3つがポイント。購入する際、金魚が酸欠になっていないか、泳ぎかたや体表に異変がないか確認し、店員さんに水温（特に夏と冬）と水質を聞いておくとベター。また、池から上がった個体なのか温室から出荷された個体なのか。販売店に来る前の状況と入荷してからの状態変化などがあれば、把握しておきましょう。

連れて帰って来たら、水温合わせです。温度差がなくても輸送時に多少の温度変化があるので、30分前後の温度合わせは必須。導入する水槽に金魚が入った袋を浮かべるだけで良いです。5℃以上の温度差がある場合は、導入する水槽の水温をあらかじめ調整しておくか、温度合わせの時間をさらに多めにとっておきます。水質合わせは、あらかじめ販売水槽のpHを聞いておくと良いでしょう。差があまりにもあるとショックを起こしてしまいます。pH6.5を切るようであれば、販売店のスタッフに相談します。水槽を立ち上げた際は7.0（中性）付近で安定しやすいため、0.5以上の差がある場合は要注意。簡単にpHを測定できるアイテムが市販されているのでそれを活用してください。小型の個体の場合、袋に水槽の水を少しずつ入れて様子を見ます。これを3回ほど繰り返してから水槽内へ放します。大型の個体の場合、水合わせ時に酸欠になるケースが多いのでより慎重に。なお、袋内の水は輸送中に汚れてしまっている可能性が非常に高いので、水槽に入れずに捨てたほうが良いです。

餌やり

導入後、一番最初に飼育者が気を付けなければならないポイントです。飼育者が最初にしてみたいことが餌やりだと思いますが、心を鬼にして餌を与えないようにします。

見ためは元気な金魚でも、水槽から水槽へ、全く別の環境へ引っ越したわけです。こちらの目に見えないストレスは非常に大きく計り知れません。餌を与えて、これまでどおりパクパク食べる金魚もいるかもしれませんが、大半の金魚が吐き戻してしまいます。導入後3日ほど経ってから温かい時間帯に餌をあげてみるのが良いでしょう。

金魚が環境に慣れたら、飼育者が最も行う世話は通常の餌やりとなります。ここでのポイントは「水温」と「魚体」。20℃を切る水温では金魚の活性が落ちるため、餌の消化吸収が遅くなります。よって、一日1回の餌やりを目安とし、増体飼料を避け、栄養価が高すぎない飼料を選びます。また、丸型の金魚の場合は転覆症も危惧されるので、胚芽飼料や腸内生菌配合飼料を与えます。なお、常温管理していてしばらく餌やりができない場合でも、4～7日餌を抜くぐらいであれば問題ありません。一方、温かい時期の常温での飼育時やヒーターで加温しての飼育時は、金魚の活性が上がるため餌の消化吸収が速くなります。一日2～3回の餌やりを目安とします。加温管理していて、しばらく餌やりができない場合は自動給餌器を使用します。

どういった魚体にしたいかで餌の種類を選べるのもポイントの1つです。飼育のスタンスに合わせて飼料を選びます。たとえば、大型水槽で1尾のみを飼育し、加温＋増体飼料で可能なかぎり大きく成長させることも可能。また、小型個体を大型化させずに飼育する方法もあります。常温で低水温を感じさせ、代謝を落とすことによって成長を抑えることもできます。

なお、メンテナンスや掃除の方法は錦鯉と同様です。

※飼料は全て、キョーリン製

胚芽飼料「ミニペット胚芽」　　腸内生菌配合飼料「咲ひかり金魚稚魚用（緩慢沈下）」「咲ひかり金魚育成用（沈下）」

色揚げ飼料各種「咲ひかり金魚色揚用（沈下）」「咲ひかり金魚色揚用（浮上）」「咲ひかり金魚艶姿（沈下）」　　増体飼料各種「らんちうディスク増体用」

病気の症状と対策

金魚飼育で必ずといってよいほど直面する「病気の発生」。ここでは発症すると自然治癒が困難であり、飼育者の迅速な判断・処置が求められます。設備を整えしっかり管理していたとしても発症することがあります。発見が早ければ早いほど回復しやすいので、常に金魚の様子を観察し、早期発見に努めるようにしたいところです。

白点病

代表的な寄生虫病。肉眼でようやく確認できる程度のごく小さな繊毛虫の寄生によるもので、白い点のようなものが付着することからこう呼ばれます。初期の症状は鰭を中心に肉薄な部分から展開し始めることが多く、やがて胴全体や鰓にも寄生します。鰓に寄生すると呼吸困難を起こすことも多いです。感染力が高く、1尾のみでも発症が確認された場合、水槽内に蔓延していることが多いので要注意。初期症状であれば、「ヒコサンZ」や「メチレンブルー」などの白点病治療薬を投与します。この時、水があまりにも傷んでいる場合はあらかじめ同じ水温で少量の水換えを行うと良いです。不純物が多いと薬の効果が弱くなるからです。症状が進行する、または一昼夜で一気に全身に寄生が見られた場合は加温処理をします。白点病は高温域に弱い面があるため、温度と薬の2点での治療が効果的。白点病が増殖する水温は25℃までであることから、ダイヤル式のヒーターでじわじわと28℃付近にまで温度を上げるようにします。0.5％の塩分濃度で治療するとより効果的です。

鰓病

健康体そのものだった金魚がある日突然泳ぐのをやめ、外見に異常はなく、力が抜けたようにボーッとすることがあ

金魚 Gold Fish

ります。早期治療を行わなければ、元気がないまま衰弱死してしまう飼育者泣かせの病気です。鰓病は大きく2種類に分けられます。

ダクチロギルス・ギロダクチルス

2種とも寄生虫であり、ほとんどの場合、鰓内部に寄生します。鰓内部に寄生すると呼吸困難を引き起こす可能性があり、力が抜けたような状態になります。エアレーションを行っているにもかかわらず、酸欠になったかのような動きが見られれば要注意。寄生虫の付着している様子も観察できないため、発見が遅れやすい病気です。鰓の動きが止まったり、左右の鰓の動きが対照でない場合は、金魚の動きと照らし合わせて鰓病を疑ったほうがよいでしょう。金魚が活発に泳いでいるようであれば、一日に数回の新水による水換えを行うことで緩和されますが、「リフィッシュ」や「マゾテン」などの寄生虫駆除剤を使用すると効果的です。

カラムナリス病（尾腐れ病）の鰓部での発生

後述しますが、尾腐れ病などの原因菌である好気性細菌の1種であるカラムナリス菌による鰓病と似た症状に罹った例を紹介します。好気性ということもあり、本来は体表のどの部位にでも発症する可能性があり、鰓内部に発症を起こした場合には初期症状だと判断が難しいです。鰓以外にも、カラムナリス病特有の黄色い粘着物が見られるようであればカラムナリス病だと判断するべきですが、あまりに症状が進行しない場合は、ダクチロギルス、ギロダクチルスを疑うべきかもしれません。新水による水換えの効果はなく、対策としては「観賞魚用パラザンD」などの抗菌剤が一般的です。また、カラムナリス菌は塩分に弱いため、ダクチロギルス、ギロダクチルスとの判別がつかない初期症状の場合は、駆虫剤を投与し、0.5％の塩水浴を行うと効果的です。

カラムナリス病（尾腐れ病など）

好気性細菌による病気。黄色みを帯びた患部は比較的気づきやすく、鰓内部での発生でない場合は早期発見もしやすいです。初期症状は体表の肉薄な部分によくみられ、鰭が赤くただれ裂けるような状態になることがほとんど。進行の早い病気なので、早期治療が必要です。「観賞魚用パラザンD」などの抗菌剤の投与が効果的。カラムナリス病は塩分に弱い面がありますが、塩と「観賞魚用パラザンD」などの抗菌剤を併用することはできません。カラムナリス病だと判断した場合は、塩の使用を控えたほうがよいです。

赤斑病（運動性エロモナス症）

運動性のエロモナス菌の感染により引き起こされる病気の一つ。体表からでも容易に目視できるほどの皮下出血がみられ、目が出る、目が窪むなどの症状も併発することも。屋内で長期飼育されている個体にはあまりみられず、池から屋内に移動するなどの大きな環境変化に伴い発症することが多いです。低水温時にみられる症状であることから冬場の水温変化などで顕著に引き起こされてしまう病気の一つです。池上げ直後の金魚などで稀に見られる症状ですが、販売店で対策・処置をしていることが多いです。環境の変化を起こさないよう飼育することが前提とされ、清潔な飼育水で管理することを心がけていれば発症しにくいです。発症した場合は「観賞魚用パラザンD」などの抗菌剤で薬浴を行うと効果的。

松かさ病（運動性エロモナス症）

運動性のエロモナス菌の感染により引き起こされる病気の一つ。症状が後期になると全身の鱗が逆立ち、松ぼっくりのような状態に。原因や対策などが未だ明確でなく、早期治療でのみ回復が見込めるといった処置の難しい病気です。オランダや中国らんちゅうなどが発病することが多く、水質の悪化、過密での飼育から引き起こされるケースがほとんどです。まずは飼育環境の見直しや改善が求められます。発症後は「観賞魚用パラザンD」などの抗菌剤で薬浴を行うのが一般的です。松かさ病かどうか判断がつかない初期症状として尾の付け根付近の鱗が若干浮くことがあります。その時点での薬浴は金魚に負荷を与えてしまうので、マジックリーフを馴染ませた水槽を用意し、対象の金魚を移動させるのも効果的です。

松かさ病にかかった江戸錦。よく見ると鱗が浮いているのがわかります

穴あき病

非運動性のエロモナス菌により引き起こすとされる病気。初期症状は鱗の一部分が赤くなり、じわじわと隆起してきます。隆起した部分の鱗が落ち、穴が開いたように見えることから穴あき病と呼ばれています。発病後に急死することはなく、体内に与える影響も少ないです。水質の悪化、環境変化などに細心の注意を払い治療していきます。水温を28℃以上にして、「観賞魚用パラザンD」などの抗菌剤で薬浴を

行うのが一般的です。肉瘤に穴あき症の症状がみられる場合に特に効果的な方法ですが、患部に綿棒で直接「ポビドンヨード」を少量塗布し（水槽内には入れないこと）、マジックリーフを馴染ませた水槽に放つ方法もあります。清潔で菌の少ない環境を整えることも治療の結果を左右すると考えています。

寄生虫（イカリムシ）

　観賞魚の代表的な寄生虫。イカリ型の突起を魚体に打ち込み寄生することから、こう呼ばれています。寄生された箇所では出血が起こりますが、それだけで死に至ることはありません。体表に寄生している親のイカリムシはピンセットなどで抜くのが良いです（大型個体は口の中に寄生していることも多いので必ずチェックします）。抜いた時に金魚の体表の組織を破壊してしまいますが、患部は再生するので問題ありません。また、出血した患部から細菌が入って別の病気を引き起こさないように清潔な環境を整えたいところです。「リフィッシュ」や「マゾテン」などの寄生虫駆除剤を使用すると効果的なのですが、これによって死滅するのは幼体のイカリムシだけです。卵の状態であるイカリムシには効果はないため、孵化をしたのちに駆除剤が効いているかが大事です。卵から孵化するまでの期間が3週間前後であることを踏まえ、3〜4週間はイカリムシが金魚の体表に確認できなくとも寄生虫駆除剤を使用するようにし、その後の発生を抑えましょう。

寄生虫（チョウ）

ウオジラミ

　イカリムシと並び、代表的な寄生虫の一つ。大型の寄生虫で扁平な形をしているため、金魚の観察をしっかり行っていれば簡単に目につきます。寄生したままでも駆除剤を投与することで死滅しますが、寄生されていることによるストレスは非常に大きいので、体表に見られる個体はピンセットなどで剥がすとよいです。卵には駆除剤の効果がないため、イカリムシと同様の処置を施します。孵化にかかる期間もイカリムシと同等です。

水カビ病

　数種もの菌によって引き起こされる症状の総称。体表にカビ、綿毛のような胞子が散見されます。水カビ病は、環境

の急な変化、ストレス、今まで述べた病気の発病などが要因となり、金魚が弱っている場合に引き起こされるケースがほとんどです。水温が20℃以下の時に発病するケースが多いため、治療時には水温を意識するとベター。水温を20℃未満にならないようにし、「ヒコサンＺ」や「メチレンブルー」などの治療薬で薬浴を行うと効果的。なお、治療は飼育水を0.5％の塩水で行うと良いです。

転覆症

　その症状名からもわかるとおり、平衡が取れずに金魚がひっくり返ってしまう症状。丸みを帯びた品種によくみられ、和金などの金魚にはみられません。食べた餌、消化器官内での異常などが引き起こす二次的な症状だといえます。一般的に魚には前後に分かれた2つの浮き袋があり、そこに異常があった場合に転覆症が引き起こされると考えらます。しぼむ、割れるなどの異常が考えられ、前の浮き袋に異常が発生した場合はヘッドダウンし、尾が浮いた状態になります。後ろの浮き袋に異常が発生した場合は頭が浮き上がります。原因は不明ですが、低水温で起こりやすい症状だと言えます。消化器官と密接な関係にあり、消化不良の際に餌そのものが消化できずに発生したガスにより、浮き袋が圧迫されるとも考えられます。主な処置は加温です。水温をじわじわ28℃前後に上げていき、4〜5日の間は給餌を控えます。代謝が進み、消化不良が治まって改善されることもあります。転覆症は早い段階で死に至ることが少なく、気をつけるべき点は転覆した際に空気面に出た腹部が炎症をしてしまうことです。患部に綿棒で直接「ポビドンヨード」を少量のみ塗布（水槽内には入れないこと）するなどして、他の病気を発症させないことが大事です。

pHの著しい降下

　過密飼育・餌の与えすぎ・濾過ができていない飼育環境などを要因とし、pHが降下しすぎてしまうと水は強い酸性となります。症状が進むと、眼球の白濁・目のくぼみ・局部炎症や粘膜異常などが引き起こされます。一見、尾腐れ病や水カビ病に見え、どのような状況かか判別できない状態になることが多いです。まずは、pHを測定してみましょう（pHを測定する商品は各社から販売されています）。換水のみだとpHは改善されないので、濾過槽にサンゴやカキ殻を投入すると良いです。炎症を起こしてしまったら、これらの処置を施すと同時に新しい症状が出ていないかを常々チェックすることが重要です。

監修
全日本錦鯉振興会

制作
水槽で楽しむ錦鯉・金魚制作委員会（大内友哉・奈須将人・八木厚昌・川添宣広）

執筆

大内友哉（おおうちゆうや）／錦鯉編

1974年生まれ。大学在学中、サケ科魚類の研究チームに所属。熱帯魚ショップや熱帯魚輸入問屋を3社掛け持ちアルバイトをした経験がある。北里大学水産学部増殖学科卒業後、熱帯魚ショップ、半導体関連の商社勤務を経て、2008年株式会社名東水園リミックスに入社。2年半前の若鯉の品評会で錦鯉関係者、錦鯉との劇的な出会いが本書への大きなきっかけとなる。

奈須将人（なすまさと）／金魚編

1986年生まれ。高校〜大学在学中に熱帯魚・爬虫類を飼育し、その魅力の虜になる。元より志していた福祉の道を断念し、プロショップでの就職を決意。大阪人間科学大学卒業後、2009年に株式会社名東水園リミックスに入社。淡水魚部門に配属となり、金魚と出会う。現在まで「水槽での鑑賞」「金魚の可能性」を終わりのないテーマとし、金魚の魅力を多方面へと発信している。

編集・サブ撮影 川添宣広（かわぞえのぶひろ）

1972年生まれ。早稲田大学卒業後、出版社勤務を経て2001年に独立（Official Web Site http://www.ne.jp/asahi/nov/nov/nov/HOME.html）。爬虫類・両生類専門誌をはじめ、「爬虫類・両生類ビジュアル大図鑑1000種」「爬虫類・両生類フォトガイドシリーズ」「日本の爬虫類・両生類フィールド観察図鑑」「フクロウ完全飼育」（誠文堂新光社）、「爬虫類・両生類1800種図鑑」（三才ブックス）など手がけた書籍、雑誌多数。

制作 Imperfect（竹口太朗、平田美咲）

協力
成田養魚園株式会社、全日本錦鯉振興会、株式会社キョーリン、有限会社エル商会、日本動物薬品株式会社、伊藤章雄、直＆真、鱗光編集部、全日本錦鯉振興会東海地区"第31回錦鯉全国若鯉品評会"、全日本錦鯉振興会新潟地区"第4回国際錦鯉幼魚品評会"、HIROKO、株式会社王子工芸、株式会社清水金魚、株式会社ジャパンペットコミュニケーションズ、楊旭東、NasuK、JIN（順不同）

写真協力
成田養魚園株式会社、株式会社キョーリン、日本動物薬品株式会社、株式会社名東水園、株式会社王子工芸、株式会社清水金魚、神畑養魚株式会社

参考文献
To Find and Treat Home Diagnosis of Koi Carp Diseases：三重大学 MIYAZAKI TERUO Professor
日本金魚大鑑：株式会社ピーシーズ
中国金魚大鑑：株式会社ピーシーズ
知っておきたい魚の病気と治療：日本動物薬品株式会社

横から鑑賞。日本の伝統魚の新しい飼育スタイル

水槽で楽しむ 錦鯉・金魚

NDC666.9

2016年 9月19日 発行

編　者　水槽で楽しむ錦鯉・金魚制作委員会
発行者　小川 雄一
発行所　株式会社 誠文堂新光社
　　　　〒113-0033　東京都文京区本郷3-3-11
　　　　（編集）電話：03-5800-5776
　　　　（販売）電話：03-5800-5780
　　　　http://www.seibundo-shinkosha.net/
印刷・製本　図書印刷 株式会社

©2016, Seibundo Shinkosya Publishing co.,Ltd.　Printed in Japan　検印省略
（本書掲載記事の無断転用を禁じます）
落丁・乱丁本はお取り替えいたします。

本書のコピー、スキャン、デジタル化等の無断複製は、著作権法上での例外を除き、禁じられています。本書を代行業者等の第三者に依頼してスキャンやデジタル化することは、たとえ個人や家庭内での利用であっても著作権法上認められません。

Ⓡ〈日本複製権センター委託出版物〉
本書を無断で複写複製（コピー）することは、著作権法上での例外を除き、禁じられています。本書をコピーされる場合は、事前に日本複製権センター（JRRC）の許諾を受けてください。
JRRC〈http://www.jrrc.or.jp　E-mail：jrrc_info@jrrc.or.jp　電話：03-3401-2382〉

ISBN978-4-416-61655-0